地震・火山や
生物でわかる

地球の科学

松田 准一 著

HANDAI Livre 059
大阪大学出版会

はじめに

阪神・淡路大震災が起こったのは、1995年のことです。私の家は兵庫県の伊丹市で新幹線の高架線から100mほど離れたところにあります。震災時には新幹線の高架線の脚が倒れ、線路が空中にぶら下がった状態になったところが何カ所かありました。そして、私鉄の阪急伊丹線の伊丹駅が全壊しました。テレビなどでそれを見た友人から心配して電話がかかってきましたが、我が家は食器が少し散乱した程度で大した被害はありませんでした。しかし、西日本でこんな大きな地震があるとは想像していなかったので大変驚きました。

これは私だけでなく、他の地球科学の研究者も同じだったと思います。実際、関西に住むある有名な活断層の研究者は、震災が起こった直後、

「西日本でこれほどの揺れだったら、東京は壊滅的な被害だったに違いない」

と言ったそうです。恐れられている首都直下型地震がついに起こり、それで関西も揺れたと思ったのです。

東日本大地震が起こったのは、２０１１年です。その時の津波で受けた甚大な被害は今さら言うまでもありません。地震が起こった時、私は大学の研究室で事務の人と話をしていました。研究室は４階にあったのですが、揺れ幅自体は大変小さいながらも、ゆっくりと揺れて少し気分が悪くなったように感じました。もしかしたら自分が軽い脳梗塞でも起こしたのかと思いました。そうすると、事務の人が、

「揺れていますね」

と言うので、これは地震だと気づいたのです。その時、

「こんなにゆっくりした周期で揺れているとしたら、きっと遠くで大きな地震が起こったに違いないはずです」

と話したのですが、まさにその通りでした。

この地震の時に震源地から遠く離れたところで、このような大変ゆっくりした揺れを感じ、私のように自分が何か突発的な病気の発作に襲われたのではないかと思った人がたくさんおられたようです。

テレビでは津波が町をなめていくように流していくのが映し出されていまし

れました。

た。津波が去った後の光景を見て、津波の恐ろしさを日本中の人が思い知らされました。

２０１６年には熊本で地震が起こりました。九州でこのような大きな地震があるとは多くの人は思っていなかったと思います。

地震以外にも、２０１４年に木曽御嶽山が突然噴火したことや、小笠原諸島の西之島の噴火など、日本では火山活動も盛んになっています。日本列島は地震や火山の活動期に入ったと考えられています。

この本では最新の地球科学の研究成果を紹介したいと思います。地球全般のことを知っていただくため、本書では地震、火山、温泉から地球の生命のことまで幅広い項目を取り上げました。

私は、大学では元素の同位体を用いた宇宙地球科学研究を行っていました。隕石に関する研究とともに、地球の大気や海洋の起源と進化、局所的には火山・温泉地域の地下深部の構造などについての研究です。また若い頃には地球の熱や地磁気に関する研究もしていました。本書では私の直接の専門分野でない項目もありますが、太陽系を含め地球全般の歴史を研究していた私にとって、どれもまるで関連のないテーマではありません。

活動化する地震や火山について正しい知識を持っていることは大きな強みになります。私たちが住んでいるこの地球について、現在どのようなことまでわかっているのかを知っていただけたらと思います。

地球科学は知っていると楽しい学問でもあります。知っていることで、普通に景色を見るのとまた違った観点から、自然を眺めることもできます。何気なく見ている南洋の島にもさまざまな形態があり、それから島のおおよその年代がわかること、ハワイではなぜ火山の近くまで行けるのか、日本海側ではなぜ潮干狩りがあまり行われないかなど、これまで気づかなかったことや見過ごしていたことに対して、なるほどと納得することもあります。

また、読者の皆さんは地球科学の研究成果を単に知ることだけではなく、科学者が研究のさまざまな課題に対してどのようなアイデアや手法を使って研究しているのかということにも興味を持たれていることと思います。そこに研究者のオリジナリティーがあり、それが自然科学研究の醍醐味でもあるからです。

そういった自然科学研究の面白さや楽しさも味わっていただくために、私たち研究グループが行った研究もその悪戦苦闘ぶりも含めてできるだけ紹介することにしました。どのようなことから研究のアイデアを持つに至ったのか、研究者の生の姿もできるだけ入れるようにしました。それにより、研究者が日々どのように研究に励んでいるかをわかっていただけたらと思います。

また、私は研究室で実験、測定をするだけでなく、岩石や水・ガス試料の採集、観測・測定などの野外調査でさまざまな地域に赴きました。マダガスカル、キリバス共和国やイースター島などの南太平洋、ギリシャ、トルコなどの地域です。観光地もありますがほとんど知られていないような地域もあります。野外調査では日常の生活では思いもよらないことがいろいろと起こります。その時のこぼれ話なども盛り込みました。

本書ではイラストも私自身で描きました。これは、私が『隕石でわかる宇宙惑星科学』（大阪大学出版会）を執筆した時と同じですが、本人が内容を熟知しているので遊び心も十分に盛り込むことができました。これらのイラストも本文と一緒に楽しんでいただけたらと思います。

目次

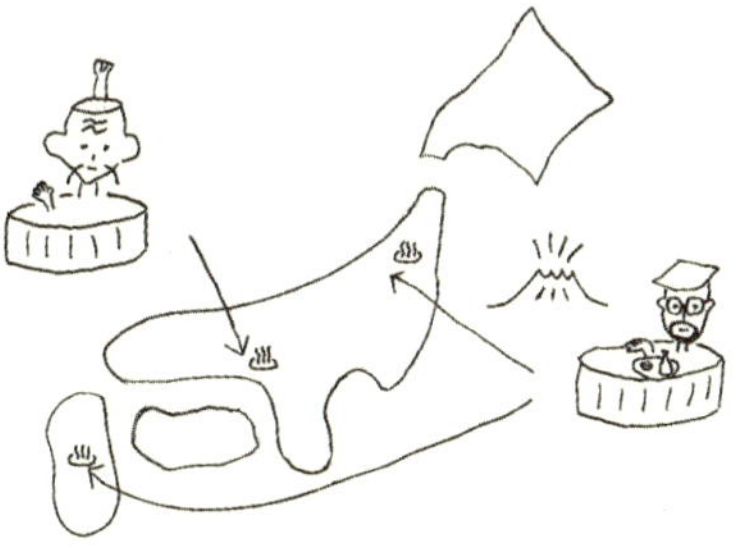

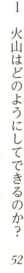

第3章　同位体からわかる地球の歴史　93

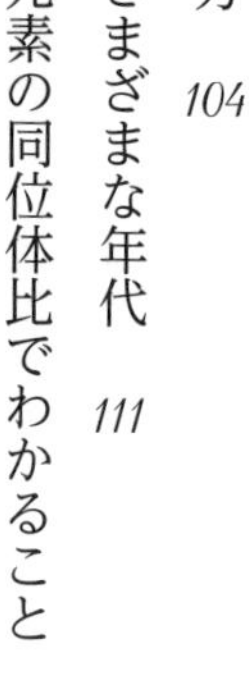

第4章　自転と公転に関係するふしぎ　147

第5章　地球と生命の過去と未来　195

第1章

地球の構造と地震

1 地球の形とその構造

地球が球体であることは今では誰もが知っていますが、インドの仏教書によれば、地球は山と海といくつかの島がある平坦な円盤で、その下には金輪《こんりん》、水輪、風輪といった円筒形のものがあるとされています。大地である金輪とその下の水輪の間が「金輪際《こんりんざい》」で、このことから「底まで」あるいは「徹底的に」という意味で「金輪際」という言葉が日常でも使われています。また、世界の円盤の中央には須弥山《しゅみせん》がそびえ、その上にはいくつかの世界がありますが、一番上の世界が「有頂天《うちょうてん》」です。これも「気分が高揚して得意の絶頂になる」という意味で「有頂天」という言葉が日常でも使われています。

古代オリエント世界のメソポタミアでも、地球が平坦な平面であると思われていましたが、紀元前6世紀頃のギリシャでは、地球の表面は平坦な平面ではないことがすでに知られていました。

これは北や南の方向に行くと空の星の位置が動くことから気がついたようで

す。もし地面が平坦なら遠方にある星の位置はその平面上を移動しても変わらないはずですが、北や南に移動すると夜空の星の位置が全体として変化します。このことから南北には地面は湾曲していることがわかります。ただ、東や西に移動しても星の位置は変わらないので、東西には平坦で南北には円である、茶筒を横にしたような地球の形を考えたようです。しかし、東に行けば、日の出の時間が早くなることもわかっていました。これは東西方向にも平坦であれば説明できないことで、東西方向にも湾曲しているはずです。また、月食は地球の影が月に映る姿であることもわかっていたようで、紀元前4世紀頃のアリストテレスはすでに地球が球体であると述べています。

さて、地球の形は球なのですが、地球は自転しているため、その回転による遠心力で赤道付近が少し膨らんでいるはずです。これを主張したのは万有引力の発見者であるニュートンで、地球を実測した結果、そのとおりであることが証明されました。この赤道での半径の膨らみは、中心から極までの半径の300分の1ほどで、距離にすると20㎞ほどです。ですから、地球はほぼ完全な球体なのですが、より精密には「回転楕円体」（楕円を軸の周りに回転させた形）になっています。

地球上で私たちも含めて物質が受ける重力は、地球の質量による万有引力と自転による遠心力を合わせた力です。万有引力は地球上のどこでも地球の中心方向へと向かう力ですが、地球の自転による遠心力は回転軸からの距離に比例します。ですから、回転軸のある地球の極ではゼロで、回転軸から一番離れた赤道付近で最大になります。万有引力と遠心力を比較すると、遠心力は最大でも地球の万有引力の０・３％ほどしかありません。また地球は赤道では少し膨らんでいるので、距離の２乗に反比例する万有引力は赤道では少し弱くなるのですが、それでも遠心力は万有引力の０・５％ほどしかありません。ですから、地球上の重力はほぼ地球の質量による万有引力と言えます。

現在では人工衛星の軌道の小さな変化から地球の重力の分布を詳しく調べ、地球の形を精密に測定することが行われています。地球表面全体を海水のようなもので覆ったと考えた時、水は自由に動くので地球の重力に従った形になります（海水面が重力の方向に対して直角になります）。このように地球の重力に従って決まる地球の形を「ジオイド」と呼ぶのですが、言ってみれば地球上を海水で満たした平均海水面のようなものです。

　地下のどんなところにでも、重い物質があれば重力は強くなりますが、軽いものがあれば重力は弱くなります。ジオイドはそのようなことも反映した形です。このジオイドと先の地球の形を近似した回転楕円体を比べると、ジオイドの凸凹はプラスマイナス100m程度でしかありません。地球の半径は約6400kmですから、100mは0・002%ほどです。先の回転楕円体も完全な球と比べて赤道での膨らみは0・3%ですから、地球はほぼ完全な球体と言って良いと思います。

　現在では、固体の地球は表面から地殻、マントル、核と呼ばれる層に分かれていることがわかっています。また、固体地球の周りには大気がありますが、大気も下から対流圏、成層圏、中間圏、熱圏と区分されています。上にも下にも層があるという昔のインド仏教におけるモデルと似ていないわけでもありません。

　地球の半径は約6400kmですが、核とマントルの境は地球表面から約2900kmのところです。地球の中心の核は液体です（より精密には、核の中で、半径にして地球中心から約3分の1までの内核は固体で、その外側の外核が液体なのですが、体積で考えると固体である内核は核全体の27分の1ほどしかありません)。マントルと地殻は固体なので、地球はよく半熟の卵に例えられ

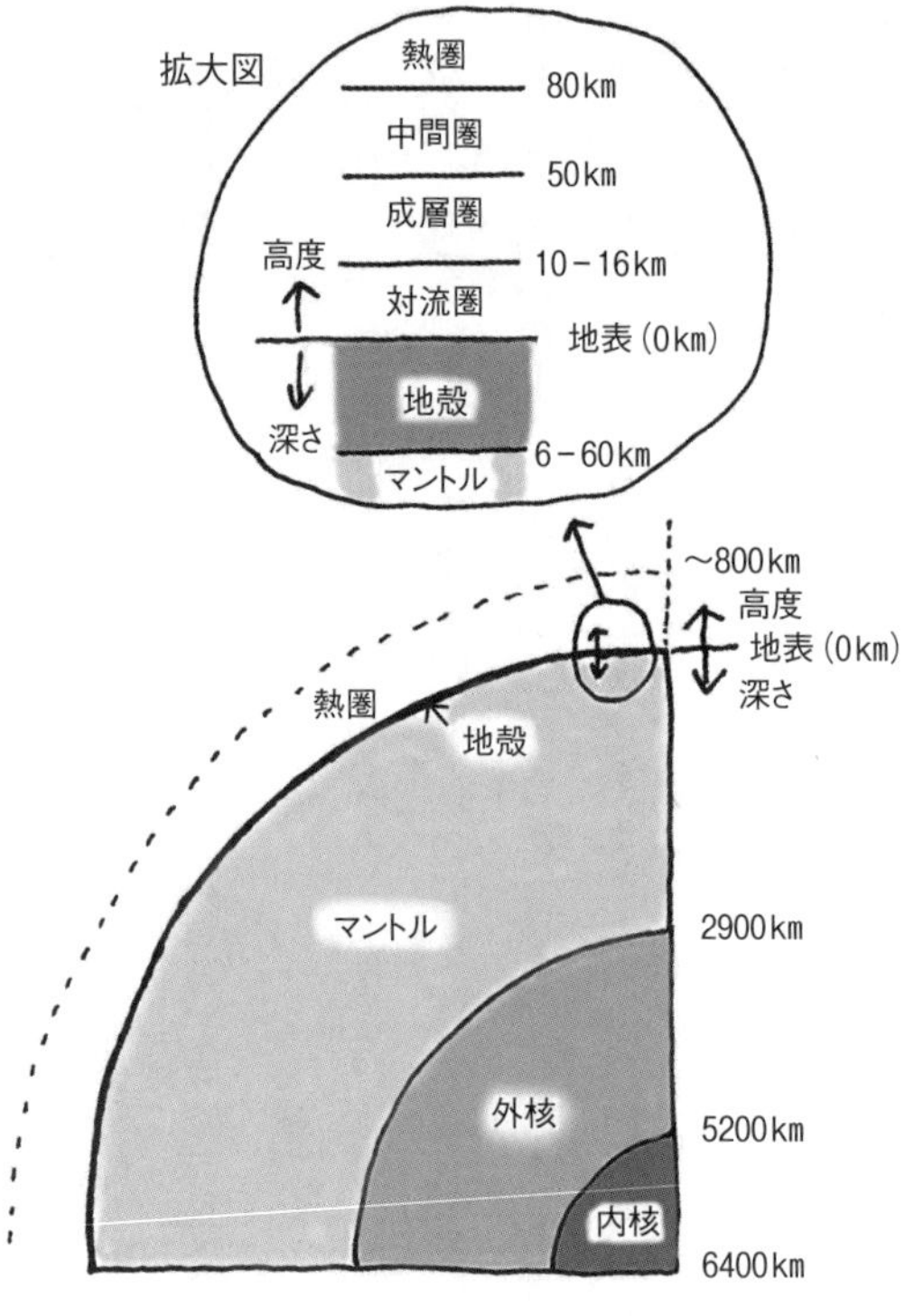

地球と大気の層構造

ます。卵の殻の部分が地球の地殻で、固まった白身がマントル、固まっていない黄身の部分が地球の核というわけです。

また、地殻の厚さは大陸では30～60㎞、海洋では6～7㎞と、大陸の地殻は海洋の地殻と比べて厚くなっています。これはなぜかというと、大陸では地殻が地上に突き出しているのとほぼ同じ分、地下の方にも突き出しているからです。地球の中心に向かう重力のため、マントルの同じ深さではどこでも同じ荷重がかかるようになっていて、これを「アイソスタシー」と呼びます。地殻の岩石はマントルの岩石に比べて軽いので、大陸では上に突き出した軽い分だけ下の方にも軽い物質からなる地殻が突き出しているのです。ちょうど軽い大陸地殻が浮力でマントルの上に浮かんでいるようなイメージです。マントルの岩石は固体ですが、長い時間でみるとゆっくりと動いていて、まるで流体のような動きをします。水飴を想像していただくとわかりやすいかもしれません。水飴は固体ですが、ゆっくりと動きます。

さて大気（空気）ですが、これもいくつかの層に分かれています。地表から上空10～16㎞までの大気の層が対流圏です。地表で温められた大気が対流するところで、大気の温度は上空にいくほど低くなります。山の上に行くと涼しいのはこのためです。標準的な温度の下がり方は１００ｍにつき０・65℃です。対流圏の上の成層圏は、その上空50㎞ほどの高度までで、オゾン層があるところです。ここでは上にいくほど温度が上がります。オゾン層は紫外線などを吸収するので温度が上がるのです。さらに成層圏の上空の高度80㎞までが中間圏で、ここでは上空に行くほど温度が低下します。熱圏はその上で高度８００㎞ほどの上空までですが、ここでは上空ほど再び温度が上がるところです。しかし、熱圏はほとんど真空に近いので、温度といっても私たちが普段感じるような日常の温度などではありません。飛び回る粒子の速度によって定義されるような熱力学的温度です。ですから、もし手をかざしたとしても熱く感じることはありません。

なお、上空１００km以上の高さの空間を「宇宙空間」とすることが、国際航空連盟により定義されているようで、だいたいがそれに従っています。よって、宇宙空間ではない地球の「大気圏」は、およそ高度１００kmまでということになります。高度１００kmというと富士山の約26倍の高さで、非常に高いという気がしますが、地表面で考えると大した距離ではありません。高速道路なら1時間ちょっとで走れる距離です。ですから、大気の層というのは地球に対して大変薄いものだということがわかります。

ちなみに、旅客機が飛ぶ高度は10kmほどで（よく「高度1万ｍ」などと言います）、飛行機に乗っただけでは、「宇宙に行った！」と言えません。一方、国際宇宙ステーション（ＩＳＳ）の高度は約４００kmです。

ところで、地表での大気の圧力は約1気圧ですが、これは上に水を10ｍも積み上げた時に下で受ける力です。大気は上方ではどんどん薄くなっていきますが、地表では上からの圧力でずいぶんと濃くなっているのです。バケツ一杯の水でも大変重いですから、水10ｍ分を積み上げた1気圧の大気の圧力というのはものすごい力だということがわかります。

17世紀にドイツで行われた有名な「マクデブルクの半球」実験はこの大気圧の力を証明したものです。真空ポンプを発明した科学者のゲーリケは、半球を隙間なくぴったりと合わせて一つの球にし、球内部を彼の発明した真空ポンプで空気を抜いて真空にしました。すると球は外部から大気圧で押されてぴったりとついたままで、両方から8頭ずつの馬が引っ張ってもなかなか離れなかったほどだったのです。

1気圧の力というのはこれほど強い力です。地球上で暮らしている私たちは大気の存在を普段あまり感じませんが、このような濃い大気の中に住んでいて周りから押された状態で暮らしているのです。このように大気が濃いということを考えると、あの重い飛行機が空中に浮かんで飛べるのもなんとなく理解できるような気がします。もちろん、大気も固体地球の重力によりしっかりと地球に捕えられているのです。

2 地球表面を覆うプレートとは？

地震や火山の噴火は地球上のいたるところで起こるかというと、そうではなくて、ある限られた線状につながった部分にだけ起きます。例えば、日本の東北地方では火山は北から南へ線上に並んでいますし、九州でも沖縄の方にかけて線上に並んでいます。北アメリカの西海岸でも線上に並んで地震が起きています。また、インド洋でも海底に線上に火山が並んでいるのです。インドではヒマラヤ山脈から東西の線上に地震が起こりますが、インド大陸内部などでは起こりません。また、ヨーロッパ大陸やアメリカ大陸の内部でもほとんど地震がありません。

このようなことから、地球科学者は次のようなことを考えました。すなわち、地球の表面は何枚かの硬い岩板（プレート）のようなもので覆われていて、それらがお互いにぎしぎしと動き合うことにより、その境界（プレート境界）で地震や火山活動が起こるというものです。プレート境界は線状ですから、地震や火山活動が線状に発生するというのも理解できます。

このように、地球表面のさまざまな地学現象をプレートの動きで説明しようという考えが、「プレートテクトニクス」です。「テクトニクス」という言葉は、もともとは「構造」ということに由来しているのですが、地質学では、岩石圏（岩石である固い部分）の構造や動きの解明という意味での学問用語として使われています。ですから、プレートテクトニクスというのは、「プレートによる地質構造学」といったような意味になります。プレートテクトニクスでは、地球表面に10数枚の大きなプレートがあると考えていますが、小さいプレートも入れると数十枚になります。

プレート境界には大きく分けると三つの種類があります。まずプレートが生まれるところですが、これを「発散境界」（あるいは「生成境界」）と呼びます。大西洋の真ん中には南北に海底山脈が走っています。それは「大西洋中央海嶺《かいれい》」と呼ばれますが、これが典型的なプレートの発散境界で、北アメリカ・南アメリカ大陸とヨーロッパ・アフリカ大陸のあるプレートがお互いに東西に別れたところです。これは海にあるプレートの発散境界ですが、大陸にも発散境界があります。そのひとつの例はアフリカの大《だい》地《ち》溝《こう》帯《たい》です。アフリカ大陸の少し東側にありますが、アフリカ大陸を東西に引き割こうとしています。

次にプレートがぶつかり合うところは「収束境界」と呼びますが、収束境界には2種類あります。

その一つは衝突したプレートが他方のプレートの下に潜り込むような境界で、これが「沈み込み境界」です。日本はこの沈み込み境界にあり、太平洋プレー

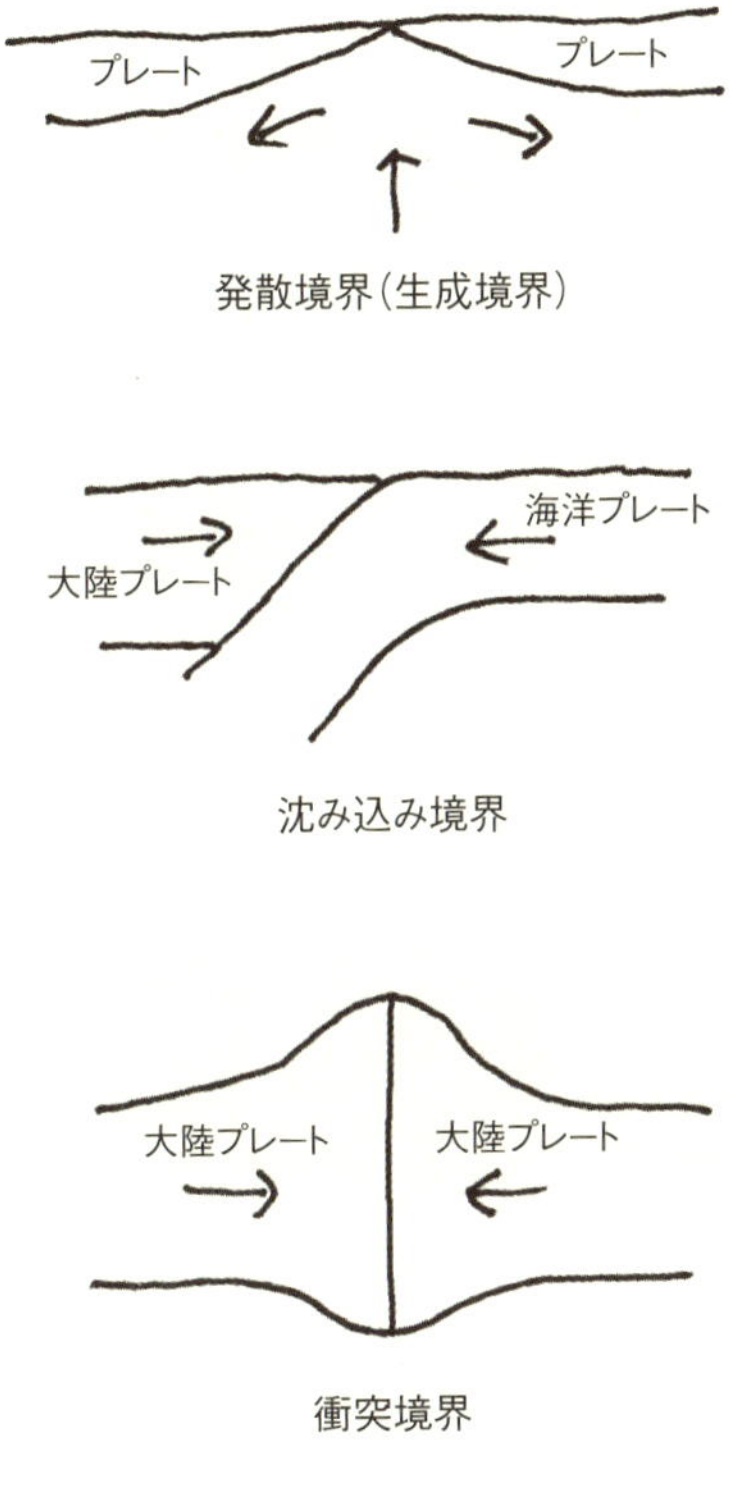

3つのプレート境界

トやフィリピン海プレートが中国大陸のあるユーラシアプレートの下に沈み込んでいます。太平洋プレートや南海プレートなどの海洋プレートは重く、大陸プレートは一般に軽いので、海洋プレートと大陸プレートがぶつかると、海洋プレートは大陸プレートの下に沈み込むことになるのです。

ところが大陸プレートどうしがぶつかると、同じような重さなので一方のプレートが片方のプレートの下に沈み込むということはなく、衝突した部分が盛り上がることになります。いわゆる山ができるということです。このような造山活動（山をつくるような活動）を伴う境界を「衝突境界」と呼びます。衝突境界の例としては、インドプレートがユーラシアプレートにぶつかっているところで、ここではヒマラヤ山脈ができました。ヒマラヤ山脈のあったところはかつて海岸線だったところで、実際ヒマラヤ山脈では貝の化石が採れます。アフリカプレートがユーラシアプレートにぶつかっているところも同じく衝突境界ですが、そこではヨーロッパのアルプス山脈ができています。

プレートテクトニクス説の前には「大陸移動」という考えがありました。これは地殻である大陸がマントルの上に浮かんで地球表面を動いていくというものでした。大陸移動説はドイツのウェゲナーという人が20世紀初めに提唱したものです。大西洋の両岸（北アメリカ・南アメリカ大陸とヨーロッパ・アフリカ大陸）の地形が一致することから、昔は両岸がぴったりとくっついていて、それが東西に分裂したのではないかと考えたのです。ウェゲナーはこれに地質学や古生物学などの研究成果も踏まえ、大陸移動説を提唱したのです。

その後、大陸だけが移動しているのではなく、海洋底も拡大して移動していることがわかりました。そして、地殻とマントルの上部が一つになった「プレート」というものが考えられ、そのプレートが動いていくというプレートテクトニクスの考えになったのです。この考えが出てきたのは20世紀半ばの頃でした。

プレートの厚さは、約１００kmと考えられています。なぜその厚さかというと、地球深部の約１００kmの深さに固体であるマントルが少し柔らかくなっている層があることが、地震波の測定からわかっているからです。この柔らかくなっている層を「アセノスフェア」と呼びます。その上が「リソスフェア」で、これがプレートです。ですから、柔らかいアセノスフェアの層の上に固いリソスフェアの層があり、それがするすると動いていくというようなイメージでプレートの動きを理解すると良いのです。

ところで、一つ気をつけないといけないことがあります。プレートの移動で火山ができるのを図示したイラストがありますが、現実とは大きく異なっているものが多いことです。例えば、東北日本の場合を考えてみましょう。東北日本の火山は、太平洋プレートがユーラシアプレートに沈み込むことによってできた山です。東北の火山の高さはだいたいが約２kmですが、沈み込む太平洋プレートの厚さは１００kmです。ですから、沈み込むプレートの厚さは山の高さ

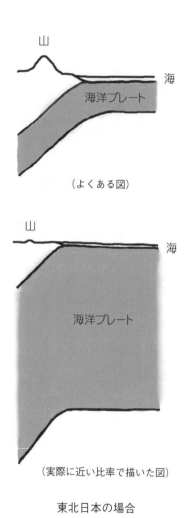

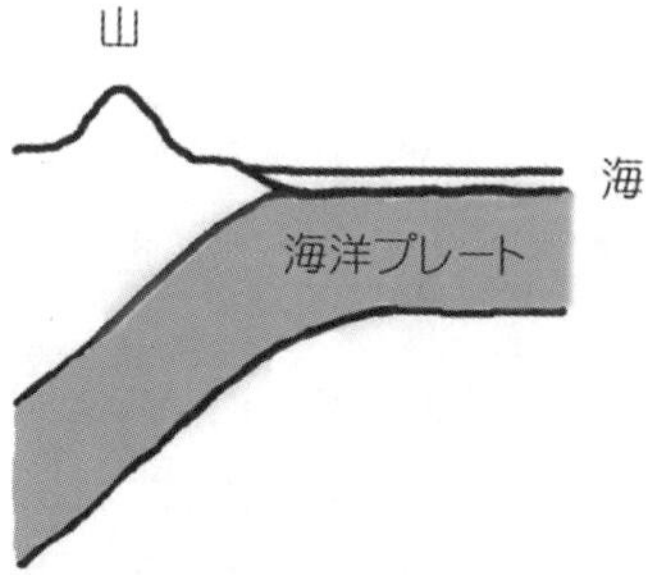

（よくある図）

（実際に近い比率で描いた図）

東北日本の場合

の約50倍なのです。多くの本で示される図では山の高さとプレートの厚さがほとんど同じようなものが多いので注意が必要です。もし、プレートの厚さを5㎝として描いたとしたら、山の高さはせいぜい1㎜しかありません。また、地球の半径は約6400㎞ですから、このプレートの厚さの64倍もあるのです。プレートの厚さが5㎝なら地球の半径は3m20㎝にもなります。ですから地球の半径に比べてプレートの厚さは大変薄く、地表の山の高さはさらに低いものなのです。

3 さまざまなタイプの地震

前節で地震がプレート境界で起こると書きましたが、これがいわゆる「プレート境界型」の地震です。テレビなどでもその地震発生メカニズムがよく紹介されています。

日本などの沈み込み境界では、沈み込んだ海洋プレートが一方の大陸プレートを下方向に引きずり込み、その引きずり込まれたプレートの力が耐えられなくなった時に跳ね上がって地震が起こるというものです。東海地震、東南海地震、南海地震などがこの種の典型的な地震です。プレートは一定の速さで移動していますから、プレートにひずみがたまりそれが限界値を越えた時に地震が起こるなら、ある一定の年数毎に地震が起こることが予想されます。

１９２３年の関東大震災前の１９０５年のことです。１８５５年の安政江戸地震からちょうど50年経っていました。当時、東京大学の地震学講座の助教授だった今村明恒博士（１８７０年～１９４８年）は、過去の地震の周期性から近々関東に大地震が起こることを予言して、ある雑誌にそのことを発表しました。しかし、研究室の教授である大森房吉博士（１８６８年～１９２３年）からは、確固たる証拠がないのに風説を流していると非難されました。

今村博士は防災対策をしっかりすべきと思って発表したのですが、新聞にセンセーショナルに取り上げられ、民衆が不安にかられパニック状態になってしまったのです。大森博士は非難するというより、むしろパニックになった民衆の不安を鎮めようとしたのです。彼は「日本の地震学の父」と呼ばれる人で、地震の「大森公式」でも有名な人でした。

大森博士は世界で初めて連続記録のとれる大森式地震計も開発しました。1923年の9月1日、国際会議でオーストラリアのシドニーに行っていた大森博士は、リバービュー天文台の台長からランチに招かれ、食後に新型の地震計を見学していました。その時、彼の目の前でその地震計が大きく揺れたのです。そして、地震計のデータから震源地が日本であるということがすぐにわかり、大森博士は愕然としたという話が伝わっています。大森博士は急遽日本に帰国する船中で病に倒れ、帰国してほどなく亡くなりました。脳腫瘍だったようですが、心労も重なったのでしょう。関東大震災で10万人以上もの人が亡くなったことに対し重大な責任を感じていたようです。

ただ、この地震の起こる周期性というのも、どのぐらいの大きさの規模の地震をデータにとるかで変わってくるので、それがいつも問題になります。地震予知というのは「何年以内に起こる」というのではなく、「何年何月何日の何時」というところまで予知できないと意味がありません。当時の今村博士の予言というのも、「50年以内に起こる」というものでした。実際、その予言が発表されてから18年後に関東大震災が起こったのです。

阪神・淡路大震災は典型的な内陸地殻内地震です。これは直接的なプレートの沈み込みによるというよりも、内陸部の断層の動きによるものです。ただ、この断層の動きというのも地殻のひずみがたまってのことですから、プレートの沈み込みとまったく関係がないとも言えません。プレートの沈み込みによる地殻のひずみで断層が動くのです。ただ、引っ張り込まれたものが跳ね返るというような単純なものではないので、いつ動くかの予測は難しいのです。

日本列島にはいたるところに断層が走っています。これは地殻の割れ目のようなもので、ひずみを受けた時に割れやすいところです。一度そういう割れた箇所があると同じところが割れやすいのです。２０１６年には九州の熊本でも大きな地震が起こりましたが、これも内陸地殻内地震です。

関西では大きな地震がないと思われていましたが、過去に結構大きな地震が何回か起こっているのです。慶長伏見地震が１５９６年に起こっています。約４００年前です。阪神間の古い遺跡などで砂が吹き出した層があったり、古墳がずれているようなところも見つかっています。

これらの地震以外にプレートの「トランスフォーム断層」というところでも

大きな地震が起こります。前に出てきたプレートの発散境界というのは、プレートが生まれるところで、海の中では海嶺という盛り上がった山脈状態になっています。この海嶺が実は一本の線ではなく、断続的にずれているのです。海嶺の両側にプレートが開いていくわけですから、その海嶺がずれている境界のところではプレートの動きが逆になります。よってそこでひずみが生じ地震が起こることになります。この場所をトランスフォーム断層と呼びます。

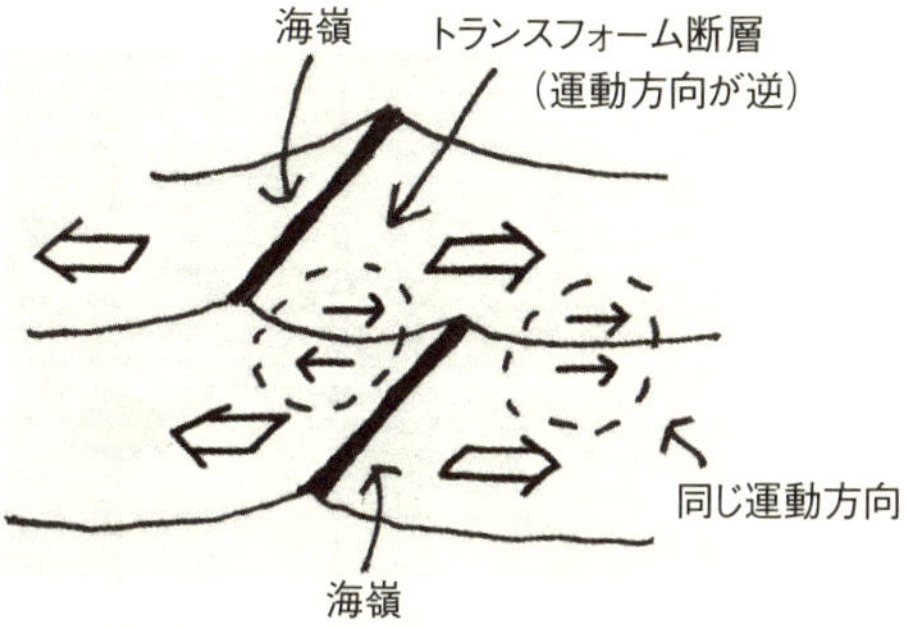

海嶺と海嶺の間の境界でだけプレートの運動方向が逆になる

　このトランスフォーム断層が地上に出ているところがあります。それが、サンフランシスコのサンアンドレアス断層です。サンアンドレアス断層は地名としての断層名で、その断層の種類はトランスフォーム断層なのです。プレートの動きは年に数cmですから、トランスフォーム断層上にあれば、その2倍の速度で引き裂かれていくことになります。これは大変大きな値で、数年でメートルの単位にもなります。サンフランシスコはまさにこの断層の上にあり、定期的に大きな地震が起こることになるのです。

4 プレート運動は変化する

プレートは年間数cmの速度である方向に動いていますが、ある時その方向が大きく変化したことがわかっています。それはハワイの島々の並びからわかったのです。後で説明しますが（第2章「1　火山はどのようにしてできるのか?」を参照）、ハワイ島の深部には「ホットスポット」という地球に固定された熱源があり、そこから熱が上がってきてマグマをつくり火山ができます。ただ、プレートは地球表面を動いていきますから、その火山はそのままプレートと一緒に地球表面を移動していきます。すると、地下深部の熱源からずれていくので、火山活動はだんだんと終息していくことになります。そして、新しい火山が次々と新しいプレート上に発生します。その新しい火山の場所は、地球深部で位置が変わらないホットスポットの直上です。

このようなことから、ハワイの島の連なりをみるとプレートの移動方向がわかり、島の岩石の年代を測定すれば島間の距離からプレートの移動速度もわかるのです。ハワイの島の連なりを見ると、現在のハワイ島のあるところから西北西に島や海山（島は年代が経つとだんだん沈降して海山になります）が連なっているのですが、あるところで急に折れ曲がっています。その先は天皇海山列という北北西に向かった海山の連なりになっています。この折れ曲がり点は大変シャープなもので、年代で約４３００万年前になります。すなわち、太平洋プレートはそれまで北北西に向かって

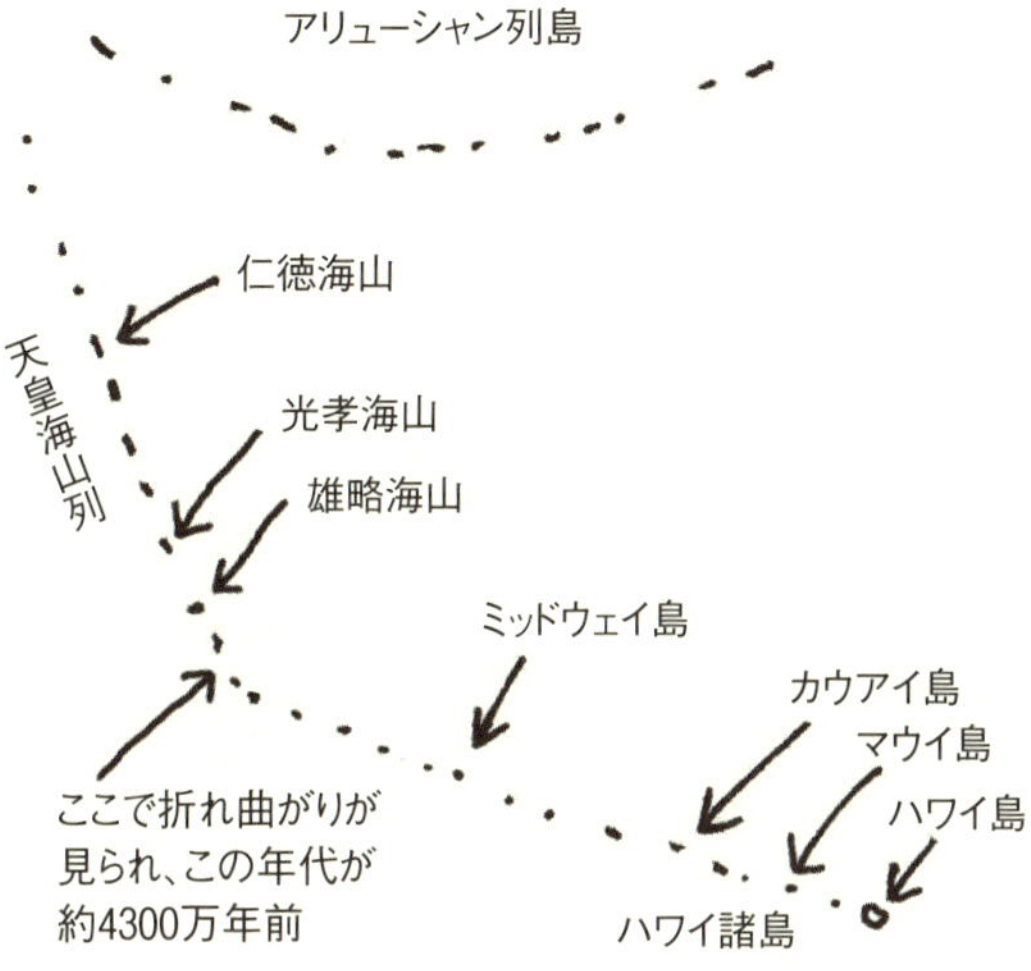

いたのですが、約4300万年前に急に西北西に進行方向が変わったということを示しているのです。

実は、7500万年前にもプレート運動の方向が少し変化していることがわかっています。

なぜ急にプレート運動の方向が変ったのかはわかっていません。太平洋プレートのような大きな物体がなぜ急にその運動方向を変えることができるのか、大変大きななぞなのです。

プレート運動が大きく変化した7500年前や4300万年前に、地球上で他にも大きな事件があったのかというと、特にないのです。「古生代」や「中生代」など、またその「何とか代」の中の「白亜紀」や「三畳紀」など「紀」のついた地質年代の区分は生物の種などに大きな変化があった区分です。しかし、プレート運動の変化したどちらの年代も地質年代の区分に相当していません。

このプレート運動の変化はプレート運動が何に原因しているのかということにも関係しているはずです。また、これほどの大きなプレート運動の変化をもたらすためには、巨大なエネルギーが必要なはずです。しかし、それがいったたい何だったのかということも未解決のままです。

プレート運動の原動力は、マントル対流であると一般に考えられています。マントルは固体なのですがゆっくりと動いていて、長い時間でみると流体のようであると考えられます。マントルは地球深部で温められ、比重が小さくなり（軽くなり）ゆっくりと上方へと浮上します。

ちょうどやかんの水を下から温めたようなもので、やかんの底で温められた水はゆっくりと上に上がってきます。そして上方で冷えるとまた比重が大きくなり（重くなり）下方へ沈んでいくのです。このようにやかんの中でゆっくりと熱せられた水が回っていきます。これが熱水の対流です。

地球内部でもこの熱水の対流と同じようにマントル対流が起こっています。プレートは地球表面でこのマントル対流の動きに乗って動いていき、それがプレートの動く原動力だと考えることができるのです。この考えによれば、プレートの生成境界である海嶺はマントル対流の湧き出し口ということになり、これは大変もっともな考えのように思われます。

ところが、海嶺が他のプレートの下に沈み込んでいるようなところがあるのです。もし海嶺がマントル対流の湧き出し口であるとすると、これは説明のつかないことです。なぜなら、マントル対流の湧き出し口自体が、対流の沈み込み口に入っていくのですから。

これらのことから、現在ではプレート運動の原動力はマントル対流により押される力よりも、むしろ海溝などで引きずり込まれる力によるのではないかと考えられています。例えば、太平洋の東端で生まれた太平洋プレートは日本列島付近までくると冷えて厚くなっています。観測からも計算上からも、プレートの厚さは年代の2分の1乗に比例して増大することがわかっています。厚く重くなった太平洋プレートは軽いユーラシアプレートにぶつかると、その下に沈み込みます。そして、さらにその重さでどんどんと下に沈んでいき、それでプレート全体を引っ張っていくというものです。

よく例えられるのは、滑りやすいテーブルの上にあるテーブルクロスです。テーブルクロスが片方に引っ張られて下に落ち始めると、その落ちた重さでどんどんと引っ張られて、テーブルクロス全体がするすると滑って落ちていくというものです。

このモデルでは、海嶺はマントル対流の湧き出し口ではなく単にプレートの割れ目境界で、プレートが引っ張られて動いていくことにより、それを補完するために地球下部から2次的にマントル物質が吸い上げられているところということになります。ですから海嶺が沈み込んでいくのも理解できるのです。

マントルの下部へ落ち込んだプレートはどうなるのでしょう？　マントルと核の境界付近の深さまで落ちて行くものや、マントルの途中（約670kmで、ここが上部マントルと下部マントルの境界）で止まって、たまっているような状態になっているものまでさまざまです。そんな地球内部の様子もわかってきています。マントルの途中で止まってしまうのは、沈み込んだプレートの比重が下部マントルの比重よりも小さく、それから下へは沈んでいかないからです。上部マントルと下部マントルの境界では圧力により鉱物の結晶構造が変わり、マントル物質の比重が急に大きな値へと変化しているのです。

5 プルームテクトニクスって何？

20世紀の終わりごろから、プレートテクトニクスをさらに発展させた「プルームテクトニクス」という考え方が出てきました。「プルーム」というのは、マントル深部からの上昇流や下降流のことです。マントル深部の核との境界から湧き上がる大きな上昇流を「ホットプルーム」と呼び、地球表面からマントルの底まで降りるような大きな下降流を「コールドプルーム」と呼びます。このようなホットプルームやコールドプルームが「マントルプルーム」で、このよ

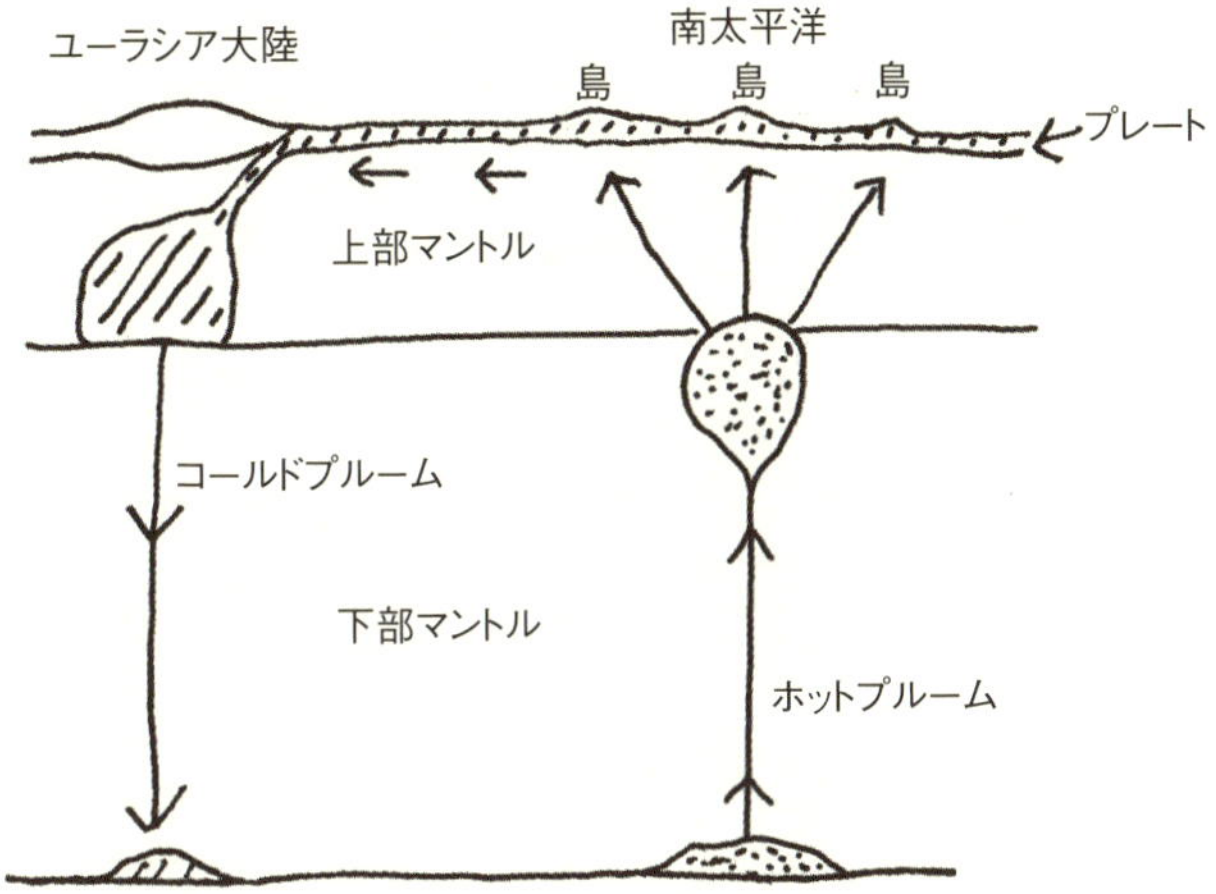

プルームテクトニクスの概念図

うなマントル全体にわたる大規模な熱対流から地球上の地学現象を説明しようとするのがプルームテクトニクスです。地震学の詳細な研究から地下の構造がよくわかり、マントル底部から上に上がるようなホットプルームや逆にマントル下部まで落ちてくるようなコールドプルームの存在がわかってきたのです。

地球上では昔、大きな超大陸がありました。それは大西洋ができる前で北アメリカ・南アメリカ大陸とヨーロッパ・アフリカ大陸が合体していた大陸で「パンゲア大陸」と呼ばれます。パンゲア大陸ができたのは、

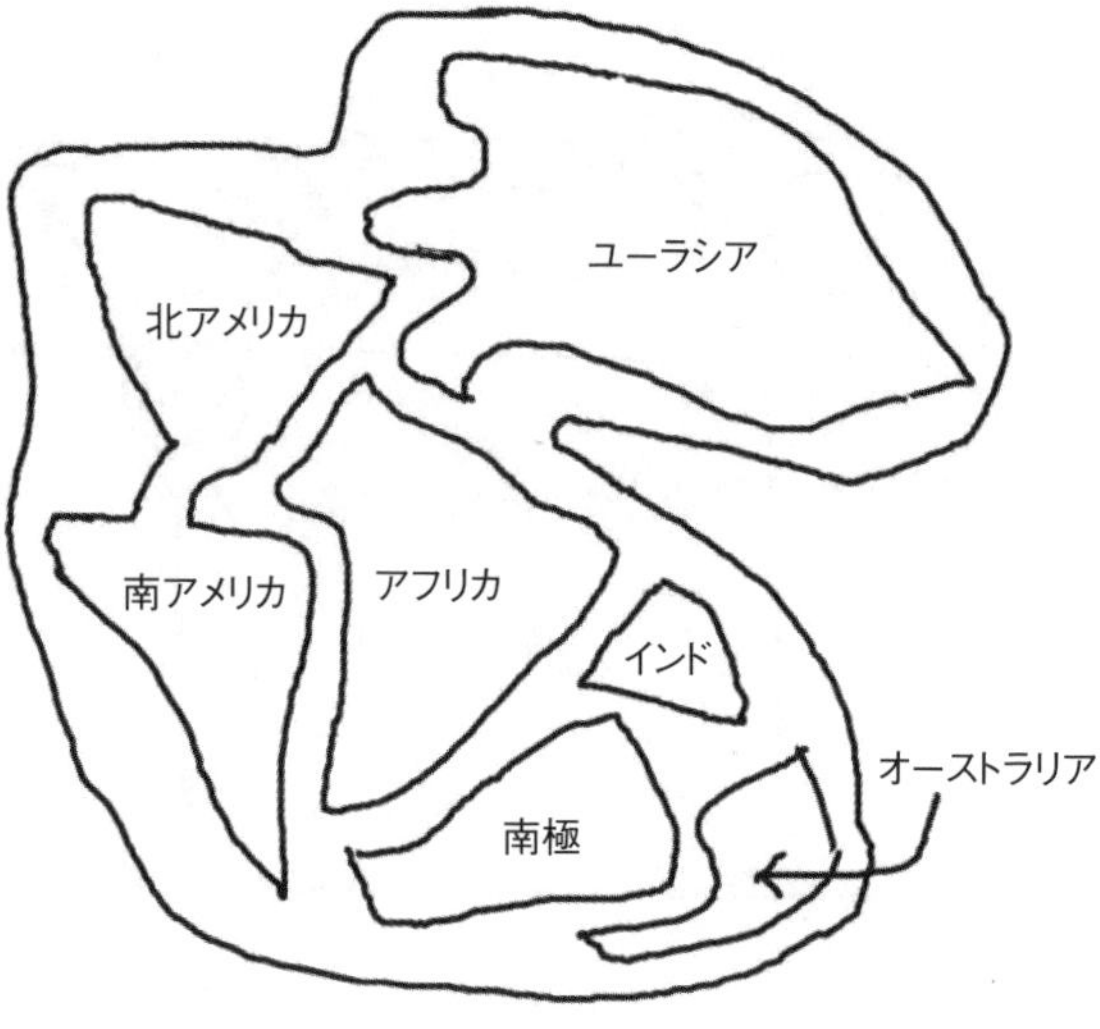

パンゲア大陸

大きなコールドプルーム（スーパーコールドプルーム）があり、それが原因で大陸が吸い寄せられたためで、約2億5000万年前に誕生したといわれています。また、その超大陸が分裂をするきっかけになったのは、大きなホットプルーム（スーパーホットプルーム）が生じたためと考えるのです。これは約2億年前のことです。

また、地球上ではときどき大変大きな火山活動が生じることがあります。例えば、インドのデカン高原には想像を絶するほど大量の溶岩が流れた痕跡がありますが、この溶岩台地ができたのはちょうど恐竜が滅んだ時期の、中世代という地質区分の終わりの時期

（6600万年前）です。その時の大規模な火山活動はホットプルームによるものだと考えられています。また、もっと以前の古生代の終わりの時期（2億5200年前）にも大きな火山活動があって大量の溶岩が地表に流れ出たのですが、これもホットプルームによるものだろうと考えられています。

現在では、ホットプルームは南太平洋とアフリカの地溝帯の下などにあると考えられています。南太平洋の下の大きなホットプルームが、ハワイやタヒチなど南太平洋の火山島ができる要因になったと考えられています。また、コールドプルームは現在ユーラシア大陸の下にあり、それが原因で太平洋プレートがユーラシア大陸に引き寄せられ、インド大陸もぶつかり、さらにオーストラリア大陸もユーラシア大陸の方に引き寄せられていると考えられています。

この説によれば、プレート運動の原動力はやはり全地球でのマントル対流によるものと考えられます。プレートの引っ張り力が原動力だという前節の考えと矛盾するような気もしますが、ホットプルームよりもコールドプルームの沈み込みの方が卓越していると考えると良いのかもしれません。

ただ、全マントル規模での対流があるというのは、後で述べるように上部マントルと下部マントルで元素の同位体比（第3章「1　地球の現象を調べる同位体科学とは？」を参照）がきれいに分かれているという地球化学的な観測事実とは合致しません。もし、マントル全体での対流があれば、全マントルが均質に混ぜられてしまい、同じ元素はマントル内のどこでも同じ同位体比になってしまうからです。上部マントルと下部マントル内でそれぞれ別の対流が起こっているとする方がより説明がつくのです。これらのことから、プルームテクトニクスを積極的に支持しない人も少なくありません。

6 地震から地下の構造を探る

地震は地球表面では大きな被害を与えますが、実は地球深部の構造を知るために大変有効な手段となります。

地震波というのは物質中を伝わる波ですが、地震波にはP波とS波の2種類があります。P波というのは、伝わる速度がS波よりも速く、地震の震源地から先に到達するものです。

地震があると、まずガタガタと小さく揺れてから。次にゆらゆらとした大きな揺れがくるのを経験したことがあると思います。この最初にガタガタと揺れるのがP波による揺れです。それからゆらゆらと大きく揺れるのがS波によるものです。ですからP波というのは「最初の」という意味のprimaryの頭文字をとったもので、S波というのは「2番目の」という意味のsecondaryの頭文字からとられています。

P波は波の伝わる方向と同じ方向に振動する波で、固体中でも液体中でも伝わります。一方、S波は波の伝わる方向と垂直に振動する波で、固体中しか伝わりません。地球の外核は流体なので、S波は通ることができません。

地震波というのは物質中を伝わる波ですが、その伝わる速度は物質の固さにも関係していて、固い物質中ほど大きくなります。地球内部では深くなるほど圧力が高くなるので物質は圧縮されて固くなり、地震波も早く伝わるようになります。そして、地下方向に進んだ地震波は屈折によりだんだん上向きになり、孤を描くように伝わっていくのです。

ところが、外核は液体なので、ここでは地震波（P波）速度は極端に遅くな

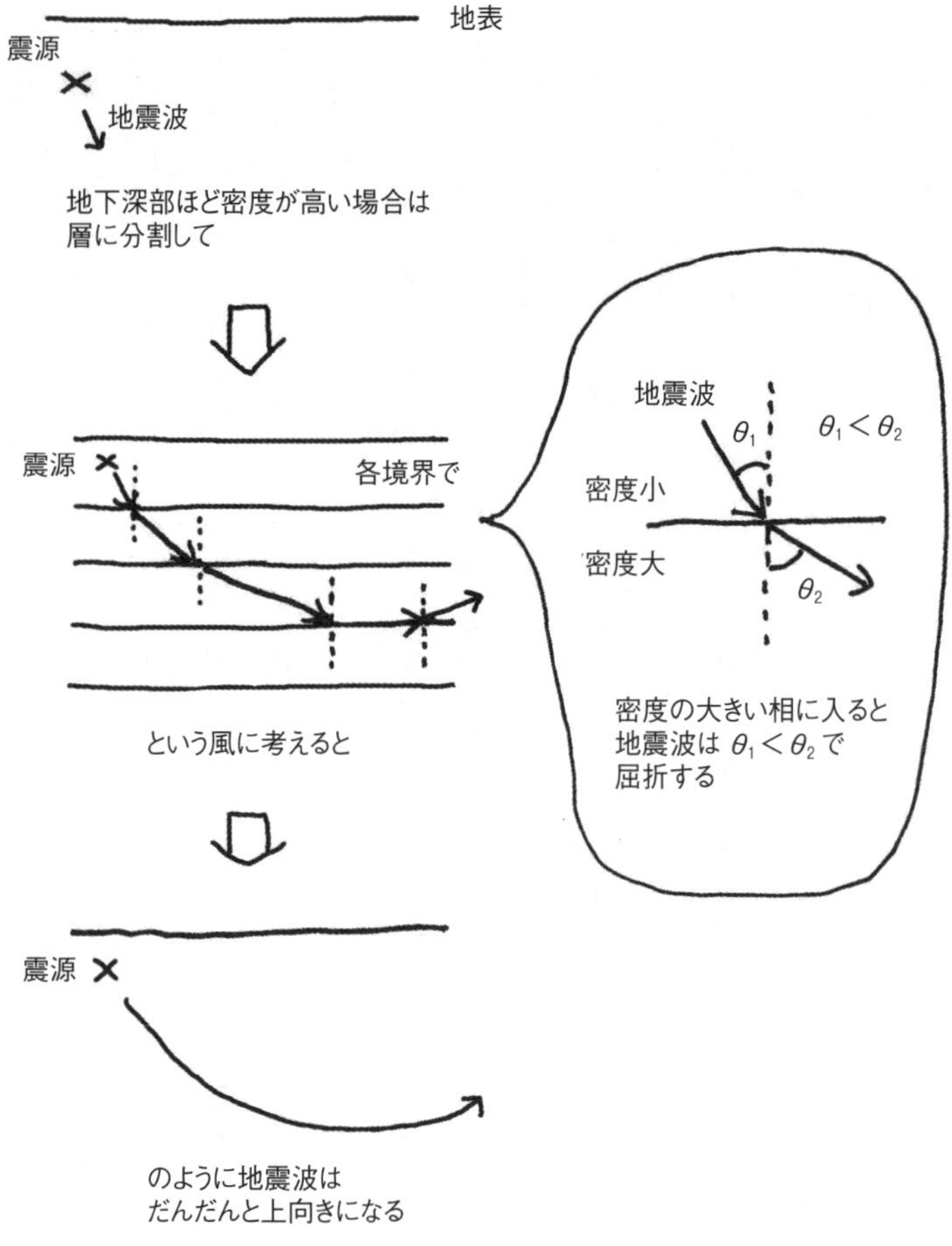
地表
震源
地震波
地下深部ほど密度が高い場合は
層に分割して
震源
各境界で
地震波
θ_1
$\theta_1 < \theta_2$
密度小
密度大
θ_2
密度の大きい相に入ると
地震波は $\theta_1 < \theta_2$ で
屈折する
という風に考えると
震源
のように地震波は
だんだんと上向きになる

地震波の進み方

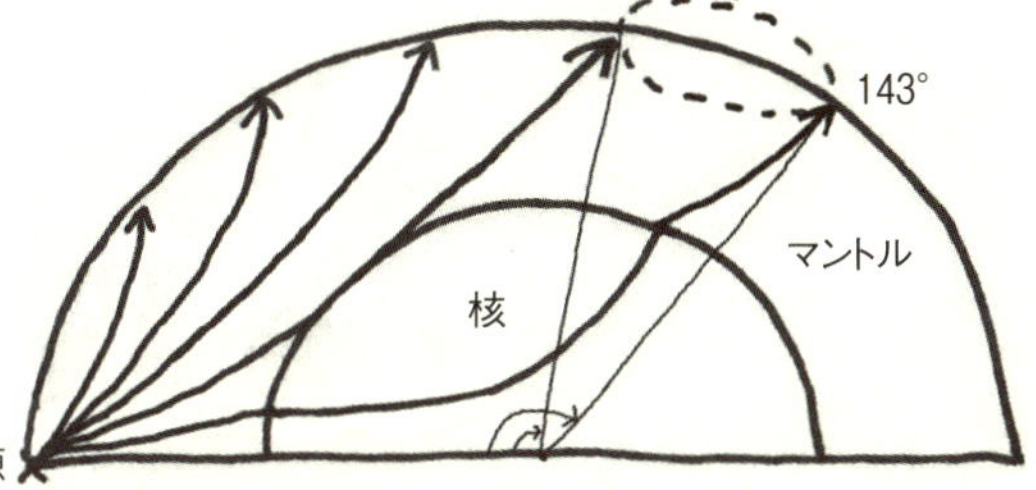

地球の内部と地震波の伝わり方

ります。それでマントルと核の境界に達した地震波はこれまで上向きに進んでいたのがここで下向きに進むことになります。そして核の中で地震波は再びだんだんと上向きになり（深くなると圧力が高くなるので）、核とマントルの境界に達します。この境界で再び地震波の不連続があり、その後再びマントルを通り地表に届くことになります。このため、震源地からある距離が離れた場所ではP波の伝わらない場所が出てきます。これは地球の中心からの角度を測ると、震源から１０３度と１４３度の間の場所（角度は地球の中心からのものです）で、このP波の伝わらない場所から核の存在する深さが推定できるのです。また、S波は液体である核の中は伝わりませんから、震源から１０３度より遠いところには到達しません。

このような地震波の観測から、地球の半径の約6400kmの内、表面から2900kmから地球の中心までが核であることがわかるのです。また、マグマ溜まりのようなものがあれば、これも液体なのでやはり地震波の到達しない場所ができることになります。地震波のデータからマグマ溜まりの大きさも検知できるというわけです。

地殻とマントルでは岩石の固さが異なるので、その境界でも地震波の速度の不連続ができてきます。地殻とマントルの境界では、地震波速度が深さとともに一様に大きくなるのでなく不連続に大きくなるので、より深いところを通った地震波の方が早く観測点に到達することになるのです。このようなことから地殻の厚さもわかります。前にも書きましたが、地殻の厚さは大陸では30～60km、海洋では6～7kmです。

マントルは、かんらん石という鉱物が主成分であることがわかっています。かんらん石はきれいなオリーブ色をした鉱物で、ハワイなどでお土産用のブレスレットなどにして売られています。ハワイでは地下の深いところから岩石が上がってきていることがわかっていて、それらが地表に上がってくる途中でマントルの岩石を引っ掻いて地表に上がってきます。このような岩石を「捕獲岩」と呼びますが、この捕獲岩の研究からマントルの主要な構成鉱物はかんらん石であるとされています。鉱物であるかんらん石からなる岩石が、かんらん岩です。マントルの主要な岩石はかんらん岩なのです

大学の研究室では、高圧装置で圧力をかけていくとかんらん石がどのように変化するかも研究されています。それによれば地表から約６７０㎞付近に相当する地下の圧力で、かんらん石は分解して別の鉱物に変化することがわかっています。このように構造が変わることを「相転移」と呼びます。相転移により地震波速度も不連続に変化するので、そこが地震波速度の変化する上部マントルと下部マントルの境界だろうと考えられています。

最近は、X線で人体の断層面の写真を撮るように、地震波を使って地球内部の断層写真を撮ることができるようになりました。これはコンピュータの進歩にもよりますが、「地震波トモグラフィー」と呼ばれるものです。地震波を使っているので、画像は地震波速度の違いが表示されるようになります。そして、前にも述べたように地震波速度の大きいところは固いところで、小さいところ

は柔らかいところと考えれば良いのです。岩石が柔らかいというのは、温度が高いということもありますし、岩石が融けかかっているということで水が多い（第2章「1　火山はどのようにしてできるのか?」を参照）ということの情報にもなります。いずれにしろ、この地震波トモグラフィーによりプレートの沈み込みの様子などもきれいにわかるようになったのです。

7　地震予知の方法と可能性

地震を予知したいという人は昔からいました。ある人たちは地震を予知したことを、次のようにして証明しようとしたようです。

例えば、明日地震が起こると書いて自分宛にでも良いから葉書を出します。葉書には郵便局で消印が押されるので、実際に次の日に地震が起これば、そのことを前日に予知したと、郵便局の消印の日付が証明してくれます。これはしっかりとした公的証明書となります。

ところが、これにはからくりもあります。地震が明日起こるという葉書を毎日出し、本当に地震が起こった時の葉書だけを取り出して、自分は確かに地震を予知したと言うこともできるわけです。まるで手品のようなトリックです。

これは、他の方法でも同じです。さまざまな場所で地震が起こるということを言っておいて、一つでも当たるとそのことだけを強調して、他の当たらなかった地震については口をつぐむというものです。

動物の地震前の異常行動などから地震を予知しようという試みもあります。大阪大学の宇宙地球科学専攻の池《いけ》谷《や》元《もと》伺《じ》先生は、阪神・淡路大震災後に地震の前兆現象の研究にのめり込まれました。地震前に、仏壇のろうそくがゆらめくというような現象や、磁石についていた釘がはずれたというようなことを電磁気現象的に解明したり、ユニークな面白い研究に取り組んだ先生です。

池谷先生は、伊豆の熱川バナナワニ園のワニが地震前に暴れたと聞かれたそうです。ワニは水中に生息しているので、地震前の地電流の変化などに感じやすく、地震前に暴れてもふしぎではないはずです。

それで、熱川バナナワニ園のワニの池に微小電流を流してワニの動きを調べようと、竿の先に計器をつけて、ワニのところに降ろそうとしました。しかし、ワニは何か餌をくれるものと勘違いして、その降りてくる計器をかじってしまったということです。

「えらい損害でした」

と、池谷先生はぼやいておられました。

　神戸の王子動物園のアシカも、阪神大震災の前は餌を食べなかったそうです。実際アシカの住むところに、弱い電圧をかけたらアシカは反応したそうです。

　地震前のナマズとうなぎの異常行動も有名です。ナマズにパルス状の電圧をかけると、ナマズはキュキュと泣くそうです。

「ナマズの鳴き声を初めて聞きました」

ともおっしゃっていました。

　研究室でも、水槽でナマズを飼われて、そのナマズに3次元的に動きを感知するセンサーをつけて観察されていました。

　学科の卒業研究発表会の時でした。

「最近、ナマズの動きが結構激しいので、地震があるかもしれません。皆さん気をつけて下さい！」

という特別アナウンスが池谷先生からありました。

学科にとっては重要な行事である卒業研究発表会のさなかで、皆驚きました。しかし、大きな地震は起こりませんでした。先生はがっくりされていました。私は、「春ですからね。ナマズも恋に忙しく、動いたのかもしれませんよ」と先生を慰めました。

動物の異常行動による地震予知はこのように結構難しいのです。たしかに異常行動はあるのですが、いつも地震の後から言われることになります。「カラスが鳴くと葬式がある」と言う人もいますが、カラスは毎朝鳴いています。近くで不幸

ナマズの恋

があった時だけ特別に印象深く心に残り、関係があるように結びつけられてしまうことがあります。

深い海にいるダイオウイカが浅瀬まで上がってきて、沢山捕獲されたのが話題になったことがあります。もし、大地震が起これば、後から、あのダイオウイカの大量捕獲は地震の前兆現象だった、と大きく取り上げられたことでしょう。しかし、地震が起こらなければ、ダイオウイカと地震の関係は、忘れ去られてしまうのです。

地震を予知するには、何年以内というのでなく、何年何月何日というようなもっと時期を制約した形で予知しないと意味がありません。

地震は本質的に確率現象なので、そのような特定した予知はできないという意見もあります。一方では、地球現象はゆっくり起こるので、予知現象をとらえるのは可能だという意見もあります。均質なひもを引っ張った時にどこで切れるかは確率的なので予測できないという意見と、ゆっくりした時間で見るとひもの糸がほつれ始めるところがあるはずなので、それを見つければ切れる場所がわかるというものです。

地震予知には地球化学的な手法もあります。阪神・淡路大震災の時には西宮の井戸のラドン濃度が異常に上昇したことが当時東京大学にいた五十嵐丈二《いがらしじょうじ》博士から報告されています。

また、地下水中の塩素などの元素に異常があったことも報告されています。この地下水の化学成分研究では、現在、名古屋大学の教授をされている角皆潤《つのがいうるむ》博士が面白いアイデアを思いつきました。

神戸の北側には六甲山脈が連なっています。六甲山は花崗岩《かこうがん》で、その花崗岩をくぐり抜けてきた美味しい水は「神戸ウオーター」として有名です。灘の酒をつくる「宮水」という名前でも知られていますし、ミネラルウオーターの「六甲のおいしい水」としても販売されていました。

この「六甲のおいしい水」には、何月何日に水を詰めたかが明記してあり、2年の賞味期限で店頭に出ているようなのです。また、水の採取地点もしっかり特定されています。それで、角皆博士は地震後でも「六甲のおいしい水」で、地震の起こった日の2年前から連続的に、震源域の地下水試料を手に入れることができると考えたのです。そして実際にそれらの水を手に入れて化学分析をしてみると、地震前に塩素濃度などがきれいに上昇していることがわかりました。阪神間に住んでいる私は「六甲のおいしい水」のことはよく知っていましたが、そういう風に化学分析に使えるとは気づかなかったので、そのアイデアに感心しました。

マダガスカル調査こぼれ話

私が初めて行った外国はマダガスカルで、1975年のことです。これは東京大学の地球物理学教室の調査に参加したもので、私はまだ大学院生でした。所属していた研究室の助教授の先生が調査隊長で、その調査隊に加わったのです。マダガスカルはアフリカ大陸の東部にあるサツマイモのような形をした島です。マダガスカルは昔アフリカ大陸から分離したことがわかっているのですが、アフリカ大陸の東部海岸にはマダガスカルの形がぴったりはまるような地形の場所が2カ所あります。そのどちらの場所にくっついていたのかを決定するというのが調査隊の目的でした。岩石を採集して年代と岩石磁気を測定し、アフリカ大陸から分離した頃にマダガスカル島があった場所の緯度を決定しようというものです。

　これは私にとっての初めての海外行きでした。

「最初に行った外国は？」

と聞かれた時、

「マダガスカルです」

と答えると、なぜか皆「よくもまあ、最初にそんな変わったところへ」という驚いた顔をします。

マダガスカルは、バオバブの樹やキツネザルで有名です。バオバブの樹は朝鮮ニンジンを逆さまにしたような面白い樹形をしています。有名な「星の王子さま」にも登場します。大変大きく育つのですが、水気が多くたきぎにもできないとか、何の役にも立たないと聞きました（最近、実の中の種からとれる油に薬効があることがわかったようで、バオバブオイルなるものも販売されているようです）。キツネザルは原始的な猿で目が大きく、通常の猿とはかなり異なっています。森の中で何回か出くわしました。

タナナリブ（現在は「アンタナナリブ」と呼ぶらしいです）が首都で、そこを拠点にしてジープを借りて北部と南部に向かい、全島の調査を行いました。広い牧場もあり牧場犬が荒々しいので注意するようにと言われました。実際、牧場犬はかなり凶暴で、遭遇した時は恐ろしく吠えたてられました。そのため、夜はジープの屋根の上で寝たこともありました。

食事は専任の現地人のコックを雇ったのですが、時々は現地のレストランで食べたりします。ある時チキンを注文したはずが、後で現地の人から、

マダガスカルのキツネザル

「あれはこうもりだった」

と言われたことがありました。そういえば、少し黒いような色だったなあと思ったのですが、味はほとんどチキンと差がありませんでした。

マダガスカルでは、すべてが大きくて驚きました。例えば、雲母のようなものが、手の平サイズで目の前にあったりします。また、トカゲも日本の5倍ほどもあるようなのが普通に出てくるので、野外調査で出くわした時には本当に驚きました。

マダガスカルでは、ダイヤモンド以外の宝石は全部採れるそうです。ある時、マダガスカルにはガーネット（赤褐色の宝石で指輪などに使います）だけの砂の海岸があるということを聞きました。他の鉱物は風化して細かく砕けて波にさらわれてしまっても、ガーネットだけは硬いので海岸の砂として残るようです。満月に照らし出されたガーネットの宝石の海岸の光景はすごいだろうなあと想像をたくましくしたものです。その海岸には実際には行けませんでしたが、その砂をまいたという家の庭を見る機会がありました。確かにガーネットだらけでしたが、磨いてないのでただ濃い赤茶けた色の砂があるだけです。想像していたような宝石の砂浜というロマンチックなものではありませんでした。

マダガスカルは岩石の年代が大変古く、あまりサンプリング（試料を採ること）に適した岩石がありませんでした。風化してしまって岩がなくなっているからです。ある時、適当な良い石を見つけてサンプリングしようとすると、ほとんど裸の姿で弓矢を持った人が現れました。肩からソニーのラジオをぶら下げていて、まるでテレビのコマーシャルに出てくるような出で立ちでした。その頃、日本の商社は世界中の隅々まで入り込んで日本製品を売っていたようで、マダガスカルの奥深い土地でもソニーのラジオが購入されていたのです。彼にとってソニーのラジオは宝物なので、それを自慢気に肩からぶら下げていたようです。その人が付き添いの現地の人に何かしゃべっているので、何事かと聞くと、「そこは王様の墓なのでハンマーで叩くな」ということでした。これには驚きました。もう少しで、その弓矢で射られるところだったのかもしれません。

我々のサンプリングした岩石は普通の火山岩ばかりで、学問的な目的以外に何の値打ちもないものでした。ところが、マダガスカルはフランスから独立したばかりで、こういった岩石試料の持ち出しに大変神経質になっていました。いくら説明しても納得してもらえず、できたばかりの政府の委員会で岩石試料の差し押さえが決定され、結局日本に持ち帰ることができませんでした。何か商業的に価値があるものを持ち出そうとしていると考えたのでしょう。植民地というのは、外国からよほどひどい目にあわされたのだと思いました。

第2章

火山と温泉でわかる地球の活動

1　火山はどのようにしてできるのか？

火山も地震同様プレート境界で生じることが多いのですが、日本のようなプレートの沈み込み境界で火山ができるのはどうしてでしょう。火山というのは溶融した岩石が地上に噴き出すわけですから、まず地下で熱により岩石が融けたマグマができているはずです。地下で岩石を融解させる熱の発生機構としては、どういうことが考えられるでしょう。

プレートの沈み込み境界ではプレートが沈み込んでいるわけですから、この沈み込む海洋プレートと上部の大陸プレート間で摩擦が起こり、その熱（摩擦熱）が原因だと考えられたこともありました。こう考えるのももっともなことですが、一年に数cmのスピードで沈み込むような場合に摩擦熱がそれほど生じるものかについては疑問です。

さらにふしぎなことに、沈み込んでいる海溝の位置からある程度距離が離れた場所でしか火山が生じないのです。東北日本でも日本海溝からある距離離れて日本海溝とほぼ平行に火山が線上に並んでいます。

火山がこのように海溝からある距離を置いて線上に並ぶことについて、杉村《すぎむら》新《あらた》先生は気象における梅雨前線のように「火山前線」（volcanic front）という名前をつけられました。杉村先生は東京大学の助手から神戸大学の教授になられた方で、私よりずっと年上の大先輩です。私も神戸大学に勤務していたので、研究室は違うのですが懇意にしていただき、いろいろと御指導もいただきました。今でも時々お会いしてお話しさせていただいています。

余談ですが、杉村先生が岩波書店から出版された『大地の動きをさぐる』の本に、先生の研究する上での座右の銘を書いていただきました。それは、「常《じょう》住不断《じゅうふだん》」という鈴木梅太郎博士（ビタミンB_1の発見で有名）の言葉で、「いつも研究のことを常住不断に考えることです」というものでした。常住不断とは「途切れることなくずっと続いている」という意味です。実は私は、書いていただいたのは、曹洞宗の開祖である道元禅師の「行住坐臥《ぎょうじゅうざが》」という言葉だとずっと信じ切っていました。行住坐臥とは「行くこと、とどまること、座ること、寝ること」で日常生活のすべてという意味です。ある時杉村先生に、

「『行住坐臥』というのは道元の言葉だったのですね。書いていただいた時は浅学で知りませんでした」

と話したら、

「私が書いたのは鈴木梅太郎の『常住不断』ですが、まあ考えてみれば、日常生活でいつでも研究のことを考えるということでは同じですね」

と笑っておられました。禅の修行も自然科学の研究も同じなのです。

さて、なぜ海溝からある距離があって火山前線が生じるのかということですが、これは以下のように考えるとうまく理解できるのです。

実は、岩石は水が入ると融点（岩石の溶融する温度）が下がることがわかっています。これは、簡単に言ってしまうと、水が不純物として働くからです。物質というのは不純物があると融点が下がるのです。水は簡単な構造の分子なので岩石の中に大量に入り込みますから、不純物として融点を下げる効果が大きいのです。

プレートが沈み込み境界で沈み込み、ある深さに達した時に高圧のため含水鉱物（水を含んだ鉱物）が分解し、鉱物の含んでいた水が放出されます。その水によりプレート直上にある岩石の融点が下がり、岩石が溶融してマグマが生じることになります。

含水鉱物の分解する圧力は決まっていて、その圧力になる地下の深さに達した時にその鉱物は分解することになります。プレートは斜めに沈み込みますから、沈み込み境界からある距離まで離れたところでないと、その深さに達しません。火山前線のある真下が、ちょうど含水鉱物が分解する圧力に達している深さなのです。これで海溝からある距離を離れて火山前線が生じるということが説明できるのです。

プレートの発散境界でも火山は発生します。これは、発散境界は新たにプレートがつくられているところで、下から熱い物質が上昇してくるからと理解できます。高温の岩石が上昇すると、浅くなることにより周囲から受けていた圧力が下がります。圧力が下がると岩石の融点は下がるので、岩石が融けてマグマが発生するのです。

一方、ハワイのように太平洋プレートの真ん中にあるようなところで、なぜ火山ができるのかという疑問が出てきます。

ハワイでは、実はマントルの底の核との境界付近に「ホットスポット」と呼ばれる地球に固定されたような熱源があり、そこから熱が上がってきてプレート上で火山を生じていると考えられています。そのため、日本のようなプレートの沈み込み境界の火山とは成因が異なります。ホットスポット起源の火山はハワイ以外にも、タヒチなどいくつかあり、プレート内の火山はほとんどがそのようにしてホットスポットでできた火山です。先に述べたプルームテクトニクスによれば、ホットスポットというのは、ホットプルームによる大きな上昇流のいくつかの経路の一つということになるのだと思います。そして、ホットプルーム自体がマントルの底に固定されたものです。

なお、プレートの発散境界にも単なるマントル物質の湧き出しによる火山というのでなく、このようなホットスポット起源の火山があります。大西洋中央海嶺のずっと北側にあるアイスランドがまさにそうなのです。大西洋中央海嶺はプレートの発散境界なのですが、その同じ場所の地下深部にホットスポットがあるのです。それは、岩石中の元素の同位体比の違いからわかったことです（第3章「5　地球内部の元素の同位体比でわかること」を参照）。アイスランドのある場所で、元素の同位体比が急に変化していて、その同位体比が下部マントル起源を示しているのです。

火山は、プレートとプレートがぶつかり合っている衝突境界にもあります。トルコの火山はそのような場所でできたものです。トルコには、現在噴煙を上げている火山はありませんが、洞窟の壁画に噴煙をあげている火山の絵が残っていることや、火山の噴出物の上を人類が歩いた跡が残されているような証拠から、地学的に新しい火山があることがわかっています。私たちは、日本のようなプレートの沈み込み帯でできる火山と、衝突帯でできる火山がどのように違うのかを調べるため、2年にわたってトルコでの火山調査を行いました。ノアの箱船で有名なアララト山は、トルコの東の国境に近いところにありますが、この聖なる山も火山です。そこにも調査に赴きました。

ところで、1707年の宝永地震の49日後に富士山の噴火がありました。このように、地震の後に火山が噴火するということがよくあるようです。マグマの中には揮発性元素（ガスになりやすい元素）がたくさん入っています。それが静かな状態だとそのままなのですが、地震などで大きく揺すられると、この

ような揮発性元素がより噴出しやすくなるからです。これは、ビールを振って栓を開けると泡が激しく噴き出すことを想像するとわかりやすいと思います。ですから、地震が起こりマグマが揺すられると、マグマの中の揮発成分が噴き出し、噴火が起こる可能性は十分あります。このように地震と火山の噴火がカップリングするのはふしぎではありません。

なお、よく映画などで火山が噴火し恐竜が闊歩する映像がありますが、これには根拠がありません。恐竜の生きていた時代に火山の噴火活動が盛んだったかというと、そうではないのです。これは単に迫力を出すためだけの演出のようです。恐竜と火山の噴火はなぜか絵になるのです。

2 地域による火山岩の成分の違い

ハワイで溶岩が噴出しているところを人々が近くで眺めているような光景が、テレビなどで放映されることがありますが、ふしぎに感じたことはないでしょうか。溶岩カーテンなどといって、板状に真っ赤な溶岩が噴出しているのを近くで平気で見ています。日本だと火山の噴火の危険性があると立ち入り禁止になりますし、溶岩にこれほどの至近距離まで近づくことはできません。この違いはなぜでしょう。

簡単に言うと、ハワイの火山は溶岩がさらさらしていて爆発的な噴火にならないのですが、日本の溶岩は粘りがあり爆発的な噴火につながりやすく危険だからです。

岩石にはさまざまな種類があります。火山に関係してマグマが冷えて固まった岩石を「火成岩《かせいがん》」と呼びます。火成岩の中で急に冷えて細かい結晶からなっているものが「火山岩《かざんがん》」です。地下でゆっくり冷えて固まったものを「深成岩《しんせいがん》」と呼びます。このような火成岩起源の土や砂が積もって岩になったものは「堆《たい》積岩《せきがん》」です。また、これらの岩石に熱や圧力が加わってできた岩石が「変成岩《へんせいがん》」です。火成岩、堆積岩、変成岩というのが岩石の大きな三つの分類です。

ちなみに鉱物と岩石の違いというのも書いておきます。鉱物というのは、ある一定の化学組成を持ち、それらの原子が規則正しく並んでいて結晶構造を持つものです。これらの鉱物が集まったものが岩石ですが、実は岩石は鉱物だけが集まっているのではありません。

岩石が溶融してゆっくり冷えると、原子はそれぞれの配置にゆっくりとおさまって結晶構造を持つのですが、急に冷えると、そういう結晶の配置場所に動いていくまでに原子は動けなくなってしまい固まるので、結晶構造を持たなくなってしまいます。そういうものを「非晶質《ひしょうしつ》」と呼びます。原子が不規則に分布しているような状態です。

窓ガラスのガラスはそういう状態なのです。岩石が急冷した場合もそういうような状態になり、一般に「ガラス」という呼び方をします。例えば、黒曜石という岩石はそのような融けた岩石が急冷したガラス物質なのです。ですから、割った時に窓ガラスのガラスが割れたような鋭利なものになり、原始時代には皮剥ぎなどに便利な道具として使われました。岩石には、鉱物だけではなくこのような非晶質なものが含まれている場合もあります。

なお、大まかに言えば、「なんとか石」という名前のものは鉱物名で、「なんとか岩」という名前のものは岩石名ですが、例外もあります（例えば、先の黒曜石などは岩石名です）。

さて、地殻とマントルにおける岩石の４つの大きな成分は、ケイ素、鉄、マグネシウム、酸素です。特に酸素とケイ素の割合が大きく、ケイ素の周りに酸素が４個ついたような構造のものがつながり、その中に鉄やマグネシウムなどが入っています。このようにケイ素と酸素が主成分であることから、「ケイ酸塩」という呼び方もします。そして、岩石中のこのケイ素の含有量の違いによってさらさらしたマグマか粘りのあるマグマになるかが決まるのです。ケイ素の含有量の小さい方がさらさらしたマグマです。

地殻の岩石はマントルの岩石と比較すると、ケイ素やカリウムなどアルカリ金属元素に富んでいます。これは次のような理由によります。

水は温度が上がり0℃を超えると全体が水になります。岩石の場合にはある温度で岩石が融け出しますが、その温度で全体が溶融するのでなく一部しか融けません（これを「部分溶融《ぶぶんようゆう》」といいます）。温度が上がりさらに高い温度になると、部分溶融の割合が大きくなり、やがてある温度まで上がると岩石全体が溶融します。水は0℃という温度だけで、固体（氷）から液体（水）になるのですが、岩石は、融け始めてから岩石全体が溶融するまでに温度の幅があるのです。

全体のどのくらいの割合が融けるかという部分溶融の割合は、温度によって決まります（もちろん、最初の岩石の種類にもよります）。温度が上がり、岩石が最初に少しだけ部分溶融した時には、鉄やマグネシウムのような元素は固相（固体の部分）の方に残りやすいので、相対的に液相（液体になった部分）はケイ素に富むことになります。また、カリウムなどのアルカリ金属元素はイオン半径（イオンになって結晶に入った時の球としての半径）の大きな元素です。

こういう元素は、岩石が溶融する時には固体から押し出されて液相部分に入りやすいのです。このことから、岩石がごくわずかに融けた液体部分は、元の岩石よりもケイ素やアルカリ金属元素が多くなります。マントル内で部分溶融により最初に生じたマグマを「初生マグマ」と呼びます。

地殻はマントルの岩石が部分溶融したものです。ですから、地殻物質はマントル物質に比べてケイ素とカリウムなどのアルカリ金属元素が多くなっていま

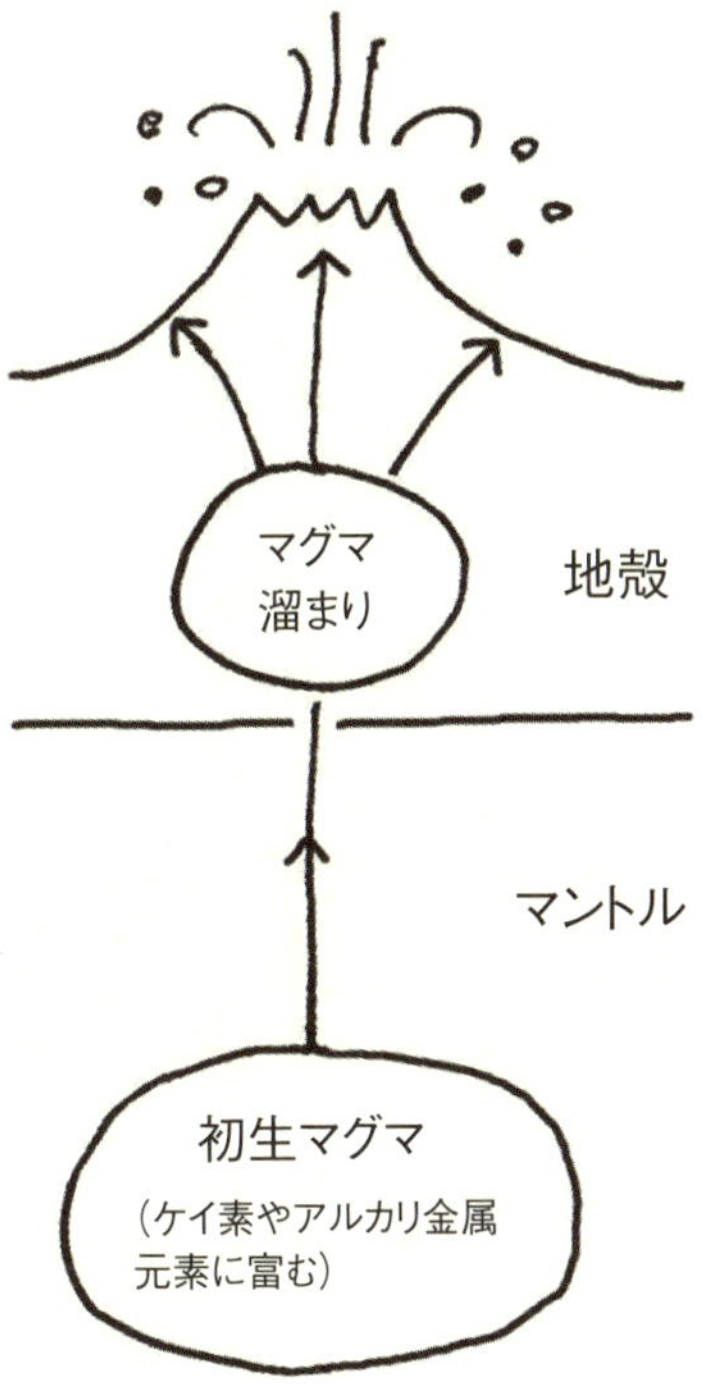

す。また、地殻の岩石の比重はマントルの岩石に比べて小さいので、マントル内で岩石の溶融した状態であるマグマは上昇することができるのです。

マグマは冷えると、その時に固体（鉱物）が析出（結晶となって出てくること）してきます。その時には鉄やマグネシウムのようなものが入った固体が先に析出するので、残った液体の方はケイ素やアルカリ金属元素により富んだものになります。このようにマグマの成分が変化していくのを「結晶《けっしょう》分化《ぶんか》作用《さよう》」と呼びます。このように地球深部での部分溶融や結晶分化作用により、さまざまな組成のマグマができます。

火山岩のケイ素の含有量がハワイでは低く、日本では高いのです。これはなぜかというと、ハワイの火山は地球深部のホットスポットから熱がきていて地下深部でマグマが発生しているのに対して、日本の火山は先に述べたように含水鉱物の分解により地下の浅いところでマグマが発生しているからです。また、ハワイのある海洋地殻は、その地殻の厚さも日本のような場所に比べて薄いのです。ケイ素というのはマントルより地殻の方にずっと多く含まれているので、浅いところでできた日本の火山の岩石はこの地殻の影響を受けて、ケイ素の含有量が高くなるのです。

このようにどこで火山ができるかで、火山岩のケイ素の含有量が違ってきます。そして、このケイ素の含有量の違いが溶融した岩石であるマグマの粘性の違いとなっているのです。

3 噴火予知と溶岩の流れを制御する方法

地震の予知と同様に火山の噴火を予知できれば、災害を抑えることができます。火山が噴火する時には、山体（山全体のこと）が膨れ上がりますから、山体の隆起の微妙な変化を捕まえれば予知できるはずです。現在ではＧＰＳなどの位置情報を利用して、かなり精密な測定が可能です。また、火山の噴火前には、火山性の地震や微動なども多くなるはずです。これらのことから、火山の噴火予知の方が地震の予知よりも可能性が高いように思われます。

全国の主要な活火山には気象庁や大学が詳細な観測網を設置しています。気象庁は、全国１１０の活火山を対象に噴火警報や予報を出します。噴火警戒レベルには、「活火山であることに留意」というレベル1から「避難」のレベル5までの5段階があります。

しかし、２０１４年の木曽御嶽山の噴火で多数の死者が出たことからもわかるように、噴火予知もそう簡単ではありません。１９８７年と２０００年に富士山でも火山性の地震が頻発し、いつ噴火してもおかしくない状態でしたが、そのまま沈静化しました。２０１５年には箱根で火山活動が盛んになりましたが、それも大きな噴火などには至っていません。

79年のヴェスヴィオ火山の大噴火によってイタリアの古代都市ポンペイが火砕流にのまれ、地中に埋もれたことはよく知られています。まるでタイムカプセルのようになった都市が18世紀になって発掘されました。私もポンペイを訪ねたことがありますが、本当に普通の日常生活をしていたところが一瞬にして失われたことには驚きました。

日本では、江戸時代の１７８３年に浅間山が大噴火をし、ポンペイと同じように火砕流により村が被害を受けました。その時の最期に流れた溶岩流の様子は今でも嬬恋村《つまごいむら》の鬼押出し園で見ることができます。

　さて、一般に川が氾濫しそうな時など、堤防に土嚢《どのう》を積んで水害を防ごうとします。石田三成は淀川が大雨で増水した時に、土嚢がなかったので、米俵を積ませて洪水から大坂の城下町を救ったという話がありますが、一般には洪水などの対策には、土や石を詰めた土嚢を積むというが常道です。

　ある時、溶岩が流れてきて村が被害を受けそうになったことがありました。洪水の時と同じように、土嚢を積んで溶岩を防ごうとしました。ところが、土嚢はぷかぷかと溶岩の上に浮かんでしまったのです。これは考えてみると当たり前のことです。溶岩の方が一般の土壌より比重が大きいのです。ですから、溶岩が流れてきた場合は、土嚢の方が軽いので浮かんでしまいます。

人類が初めて溶岩の流れを制御したというのは、流れてくる溶岩の前に放水したというものです。そうすると、流れてきた溶岩が冷却されて固まって、それで溶岩の流れを食い止めることができました。考えてみると大変単純な方法ですが、岩石の融けた溶岩よりも重いものは簡単には見つからないので、これは大変良い方法だったのです。

4　太平洋の島々の火山からわかること

ハワイの火山島がホットスポット起源であることは、前に述べました。ホットスポットはプレートの動きに関係なく、マントルの底に固定された場所に存在していると考えられています。そのホットスポットからの熱で、プレートの上に火山がつくられ、その火山はプレートの動きに従ってホットスポット直上から移動していきます。そうすると、地下のホットスポットの直上の位置からずれてくるので、火山活動はだんだんと終息してしまいます。

一方、プレートは年代が古くなるにつれて厚さが厚くなり、だんだんと重くなります。日本海溝のあたりの水深が深いのは、アメリカの西海岸近くにある東太平洋海嶺で生まれたプレートが太平洋を横切って日本海溝までやってくるからです。プレートは重くなり沈んでいくので、海の水深も深くなります。

このようにプレートが生まれて年代が経つと水深が深くなるので、プレート上にある島はだんだんと沈降してくることになります。サンゴは海の浅瀬にできますので、最初は島のまわりにサンゴが繁殖します。島の沈降はゆっくりなので、島の沈降に伴いサンゴもゆっくりと上方に成長していきます。真ん中の火山島はだんだんと沈んでいき、周りにサンゴ礁が発達してくるわけです。しばらくすると真ん中の高い火山が残っていて、周りにサンゴ礁がある状態になります。さらに島が沈降すると、真ん中の火山もなくなり、周りのサンゴ礁だけになります。

南太平洋の島々を観察してみると、実際その通りになっています。

私は、南太平洋のタヒチの島を調査したことがありますが、タヒチの本島は火山があるだけです。ところが、ボラボラ島に行くと、真ん中に火山があり、周りにサンゴ礁があります。この真ん中に火山島があり周りはサンゴ礁という

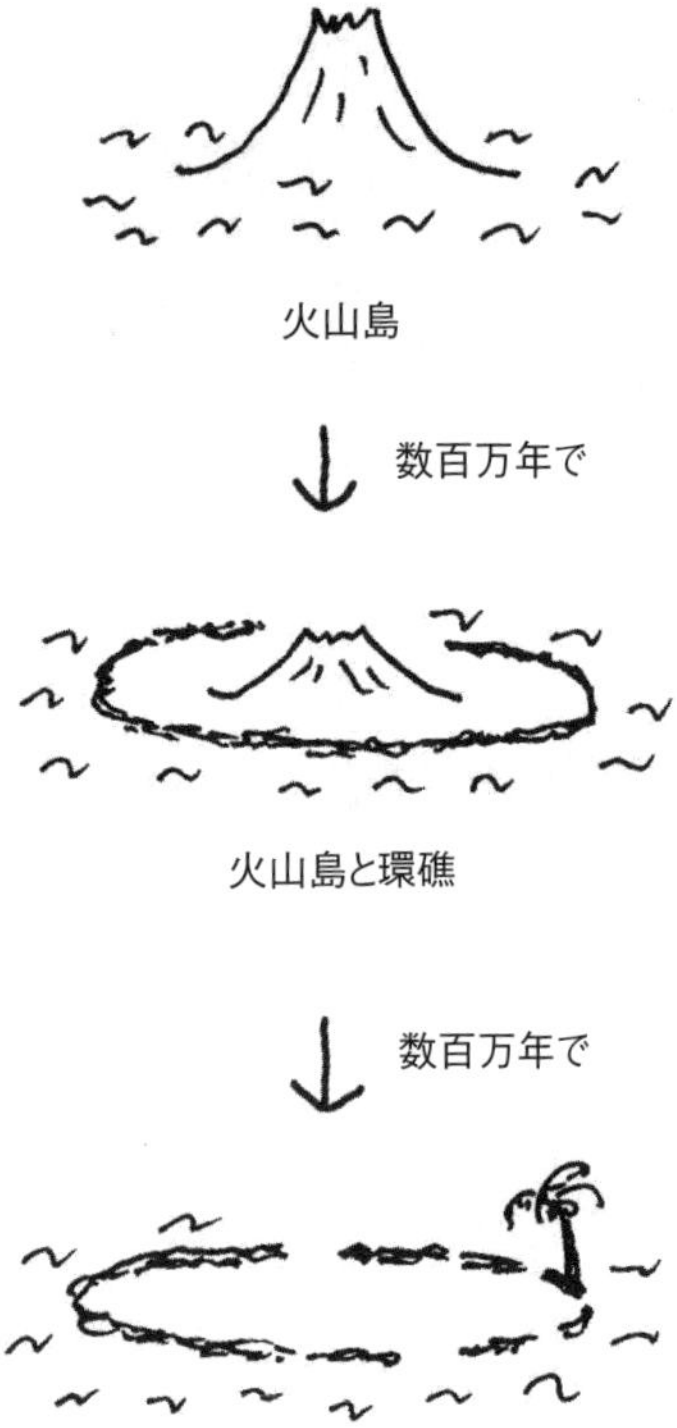

太平洋での島の変遷

景色は大変美しく、ボラボラ島は「南太平洋」や「チコと鮫《さめ》」という映画の舞台にもなっています。しかし、もっと古い年代の島に行くと、周りのサンゴ礁だけの島になります。これが環礁です。まるで輪ゴムのような形で、時々その輪ゴムの一部が切れていたりもします。環礁の中はサンゴのかけらばかりの浅瀬で静かな海です。しかし、サンゴ礁の外は大変深い海になっています。外海は波も荒く、浅瀬でさざ波しか立たない内海とはまったくの別世界です。このように南洋の島ではその形からだいたいの古さがわかるのです。ボラボラ島の火山島の年代は３１０～３４０万年なので、これらの島の変化は数百万年でのスケールによるものです。

ハワイでもハワイ島が一番若い島で，ホノルルのあるオアフ島が次に古く、さらに古い島はよく結婚式などが行われるシダの洞窟のあるカウアイ島です。カウアイ島の主要な火山活動は５１０万年前に始まったものです。しばらく休止があってからまた15万年ぐらい前まで活動がありました。カウアイ島では中心部の島の年代が古いので、山の浸食作用も進み独特の渓谷美をつくっているのと、植生が大変発達していて植物にあふれた世界になっています。このように太平洋の島の姿を見るだけで、おおよその年代がわかるのです。

ところで、島がプレート上に乗り移動して海溝までたどりついたところがあります。島は衝突したプレートの下に潜り込めないのでそのまま島として残ります。

その一例は小笠原諸島です。伊豆小笠原諸島は伊豆半島の先からずっと南につながっている島々なのですが、実はその中で小笠原諸島だけが、岩石学的にも異なった特質を示しています。火山島がどのような場所でできたのかというのは、地磁気的な研究を行えば推測することができます（第4章「8　磁場は移動し逆転する」を参照）。それによれば、小笠原諸島はどうも太平洋プレートに乗って、海溝にたどりついたようなのです。地磁気的な研究からそのような指摘をしたのは私たちの研究グループです。

なお、伊豆半島もフィリピン海プレート上の島だったのが、プレートに乗ってやってきて、日本列島にぶつかって合体したものであることがわかっています。

5　富士山の噴火の歴史と今後

夏に静岡県の三島市に行ったことがあります。眼前に大きな真っ黒の山がそびえ立っていて、どういう名前の山だろうと思っていたら、なんと富士山でした。富士山は山頂に雪をいただいて白くなった姿を絵や写真で見慣れているので、夏に真っ黒だと富士山だと気づかず、何山かとふしぎに思ってしまったのです。遠くから見るときれいな姿なのが、近くからだとむしろわからなくなります。タクシーの運転手さんも、夏によくお客さんから、

「あの山は何という名前ですか？」

と聞かれて苦笑いするそうです。

　富士山は日本一の高い山で、しかもあのように大変美しい姿をしています。ほぼ同じ火口からの複数回の噴火による溶岩や火砕物が降り積もって、あのようなきれいな稜線になっています。日本で一番高くしかも姿も美しいというのでまさに才色兼備と言えます。昔から信仰の対象になり、二つとないので「不二山」と書かれるのも納得するところです。

　富士山が前回噴火したのは、約３００年前の１７０７年（宝永４年）12月16日のことです。新幹線からみると富士山の右側中腹に少しでっぱりが見えますが、それがその時の噴火口です（あのでっぱりをブルドーザーでならしてしまったらどうだろうという意見もあったようですが……）。その12月16日の午前10時頃、富士山は大爆発を起こしました。火山灰は江戸（１００km以上離れています）にも降り注ぎました。新井白石は有名な『折りたく柴の記』に、西の方で雷光があり、火山灰で雪が降ったようになったこと、昼間でも行燈《あんどん》をつけなければならなかったことなどを記しています。それまでは富士山は溶岩が流れ

るような噴火だったのですが、この時は火山灰が中心の噴火だったようです。

富士山は約10万年前から急激に活動を始め、現在の姿は約１万年前から噴火を始めた新富士の火山体です。ふもとの火山灰層の研究からこれまでに１０００回近い噴火活動をしていることがわかっています。歴史に残っているのはこのうちの10回ほどです。

万葉集には、富士山が噴火しているのを燃える恋心に例えた歌がいくつか見られます。また、『続日本記』には、７８１年８月４日の噴火で駿河の国からの情報で火山灰が雨のように降ったことが記述されているということです。８００年から802年にかけては頂上から火光も見えたという記述が『日本後記』にあります。864年（貞観《じょうがん》6年）の噴火は「貞観の大噴火」と呼ばれ、この時溶岩が湖に流れ込み、一つだった湖が二つになりました。それが現在の西湖と本栖湖です。また、その時の噴火で流れた溶岩の上に広がっているのが、現在の青木ヶ原樹海です。それから1200年ほどであのような大森林になるのですから自然の力には感動します。

905年の『古今和歌集』の仮名序には、「今は富士の山の煙も立っていない」とあるようで、その前は山頂から煙が立っていて、それが905年には収まっていたことがわかります。しかし、932年、937年、952年、993年にも噴火の記録があります。『更科日記』は1021年頃といわれていますが、「山頂の少し平らなところより煙が出ていて、夕暮れには火の燃え立つのも見える」と書かれているので、その時は噴煙以外に溶岩が上まで昇ってきたようです。噴煙をあげている富士山の姿というのは、なんだかふしぎな気がしますが、平安時代はそれが普通の富士の姿だったようです。それから1017年、1033年、1083年に噴火していますが、それ以来約400年間大きな噴火はなかったようで、１２８０年の『十六夜日記』にも「煙が立っていない」という記述があります。それでもときどき噴煙は上がっていたようです。江戸時代の宝永の大噴火の前にもそのような和歌や俳句が残っています。

果して富士山は再び噴火するのでしょうか。活火山なので噴火するのは間違いありません。宝永の噴火の前のちょうど1カ月前にマグニチュード8級の大きな宝永地震が起こっています。富士山の噴火は、この地震が引金になったのではないかという人もいます。宝永の噴火の１４７年後（１８５４年）の安政東海地震（マグニチュード8・4で、この翌年の１８５５年に安政江戸地震が起こっている）の直後にも、小噴火と思われるような現象がありました。マグマが昇ってきたらしく、山体の温度が上がって積雪が解けたのです。

東海沖地震の予知のために富士山周辺には地震の観測点がたくさん置かれています。１９８７年と２０００年には富士山で火山性の地震が多発しました。特に１９８７年の8月には山頂で人が揺れを感じる有感地震もあったので、噴火があるのではと心配されましたが、何事もなく過ぎました。２０１２年にも3合目あたりで活動がみられましたが、その後は特に大きな変化はありません。

宝永の大噴火から約３００年経過しています。富士山が噴火するのは間違いないのですが、それがいつかはまだわからないのです。

6 地球深部からの熱を測る

地球深部はまだ熱く、その熱は火山活動以外でも表面に運ばれています。地球が熱いのは、地球ができた時の集積エネルギー（宇宙でばらばらに存在していたものが集まって一つの地球になったことにより解放される重力エネルギー）が残っているからと考えることができます。しかし、このような初期の集積エネルギーで熱せられた地球は、計算すると数億年で冷えてしまうことがわかっています。

このことを計算したのは、イギリスの著名な物理学者ケルビン卿でした。物理学で出てくる絶対温度（摂氏マイナス２７３℃が絶対温度０Ｋ）の単位Ｋがケルビンなのは、彼の名前に由来しています。ケルビン卿は地球が溶融していた状態の温度から現在の温度になるのに何年かかるかということで地球の年齢を推定しようとしたのです。大変面白いアイデアですが、彼の計算によれば、地球の年齢は数億年になります。

しかし、数億年というのは、地球の年齢としてはいかにも短すぎます。現在では、地球の年齢は約46億年であることがわかっています。そして、約46億年が経過しても、地球はまだ冷え切った惑星ではありません。集積エネルギー以外の熱エネルギーがあると考えられるのです。それは、地球内部にある放射性元素の壊変（別の元素に変わること）による熱エネルギーです。

しかし、このような放射性元素の壊変の熱エネルギーがあるとしても、地球のサイズが小さければ、熱を天体内部に閉じ込めておくことができません。火星や月でも昔は火山活動がありました。ところが今ではすっかり冷えてしまいました。月の火山活動は約40億年前に終わってしまったことが、月の岩石の年代などからわかっています。放射性元素の熱エネルギーがどのぐらいの期間保たれるのかは、その星の大きさにも関係しているのです。

地球からどれほどの熱が放出されているのかが、地球の表面で測定されています。地殻を通ってくる熱の流れということで「地殻熱流量」といいます。単位面積、単位時間当たりに通過する熱量として表されます。海洋底だと、堆積物に槍を打ち、深さの異なる2点で温度を測り、その温度差の値に堆積物中の熱伝導率をかければ熱流量の値を得ることができます。

私は、アメリカのウッズホール海洋研究所の海洋調査船ノア（Knorr）に乗り、約1カ月東太平洋でそのような調査をしたことがあります（「コーヒータイム4　アメリカの海洋調査船乗船記」を参照）。

私たちが調査したのは、水深が4000mほどのところで深海の堆積物層は数100mほどもあります。その海洋堆積物はケイ酸質の微化石（1mの100万分の1であるマイクロメートルサイズの小さな化石）と石灰質の微化石から成っていました。普通は一本の堆積物コア（柱状に採取した堆積物）では1カ所程度でしか熱伝導率を測らないのですが、私はこの時興味があって9mほどある一つの堆積物コアでどのぐらいの熱伝導率の変動があるか150点ほどで詳しく調べてみました。

熱伝導率は堆積物中の水の量と関係があることはわかっていたのですが、水の量がケイ酸質の微化石の量ときれいに比例していることがわかりました。その理由は2種類の微化石の形状にありました。ケイ酸質の微化石は形が不規則で尖っていることに関係していて、水を含みやすい構造になっているのです。一方、石灰質の微化石はサイズも小さく水を保持できないように詰まっています。熱伝導率は水やケイ酸質の微化石とは負の比例関係、石灰質の微化石とはきれいな正の比例関係になっていました。このことは熱伝導率が堆積物の化学成分からも推定できるということです。面白いきれいな結果に大喜びしました。

全地球的な地殻熱流量調査から、プレートの発散境界である海嶺やホットスポット起源のハワイのようなところでは、熱流量は高く、日本海溝のようなところでは、低くなっていることが測定されています。もし地球内部の熱が単に

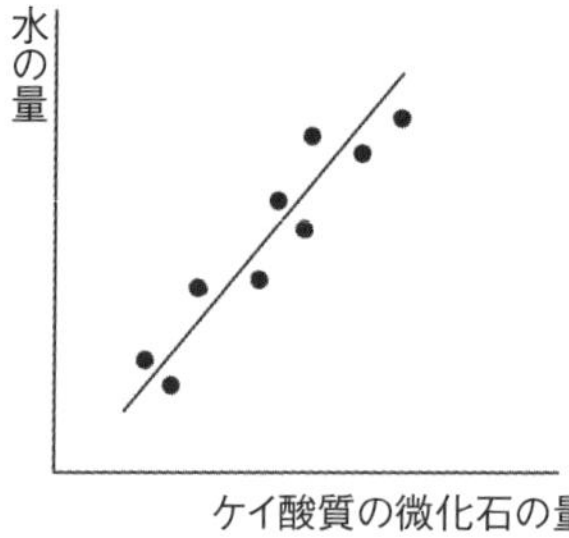

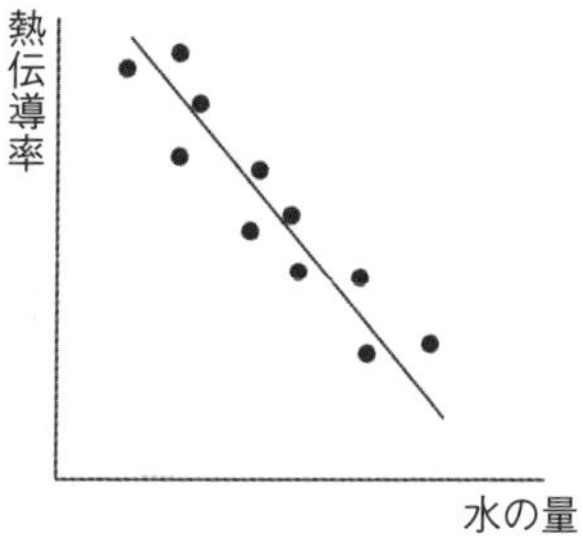

深海堆積物中の熱伝導率、水の量、微化石量の関係（概念図）

地球全体の熱伝導（熱は高いところから低いところに流れる）により地球表面に運ばれていたとしたら、地球表面のいたるところで熱流量は均質になるはずです。しかし、このようにプレートができるところでは熱流量が高く、沈み込んでいるところでは熱量量が低くなっているのは、流動する温かい物質が地球内部で循環して熱が表面に運ばれているということです。これは、地球内部の熱が、単なる熱伝導ではなく、熱対流によって効率的に地表に運ばれていることを示しています。

7 温泉の定義と成因

どういうものを「温泉」と呼ぶのでしょう。人によっては、温泉という言葉のイメージから、地下から湧いてくる水で、ある温度以上あれば、温泉と呼んで良いのだろうと思うかもしれません。

実は、温泉には定義があります。温泉法第二条により次のどれか一つでも適合すれば、温泉と称せられることになります。

（1）泉源での採取時に水温が25℃以上あること。
（2）温泉1kg中に、それぞれに決められている規定値以上含まれている溶存物質が一つでもあること。
（3）温泉1kg中に、ガス性以外の溶存物質が総量で１０００mg以上あること。

この定義によれば、何の成分も溶けていなくても水温が25℃以上あれば温泉と呼んでも良いことになります。また、25℃以下の冷たい水でも、ある溶存物質がある規定値以上でもあれば温泉と呼べるし、一つの溶存物質がその規定値以上なくても、いくつかの溶存物質が合計で１０００mg以上あれば良いということです。冷たい水でも温泉とはふしぎな感じがしますが、こういう温泉は沸かしてお風呂にしているはずです。

何年か前に入浴剤の添加など、いくつかの温泉で温泉偽装が問題になりました。そのため、環境省は、今までの温泉の成分表示に加えて、水を加えているか、温度を上げているか、入浴剤などを添加していないかなども表示するように規則改正をしました。

さて、温泉はどうしてできるのでしょう。温泉は東北や九州など火山地帯に多く存在します。このことから、温泉の成因は火山と関係があることがわかります。温泉は雨水などの「天水《てんすい》」（空から落ちてくる水ということで、こういう呼び方をします）が地下に浸み込んで、それが火山の熱で熱せられて地表に出てきたものであることがわかっています。温泉の水は地球内部のマグマ自体に含まれている水ではなく、雨水などの地表の水がいったん地下に浸み込んで、また地表に出てきたものです。このことは、温泉水中の元素の同位体比の組成などからわかっています。地表に降った雨水が地中を通り温められて熱水になると同時に、さまざまな地殻物質を溶かし込んで温泉になるのです。世界地図を見ても、温泉はニュージーランドやグリーンランド、アメリカ西海岸など火山地帯に多く存在します。

ところが、日本地図を見るとふしぎなことに気がつきます。それは紀伊半島には火山がないのに和歌山の白浜温泉など有名な温泉があることです。また、私の住んでいる兵庫県には有馬温泉という、これも大変古くから有名な温泉があります。豊臣秀吉もたびたび訪れたということですが、やはり近くに火山はありません。それなのに有馬温泉の泉源の温度は１００℃近くもあります。

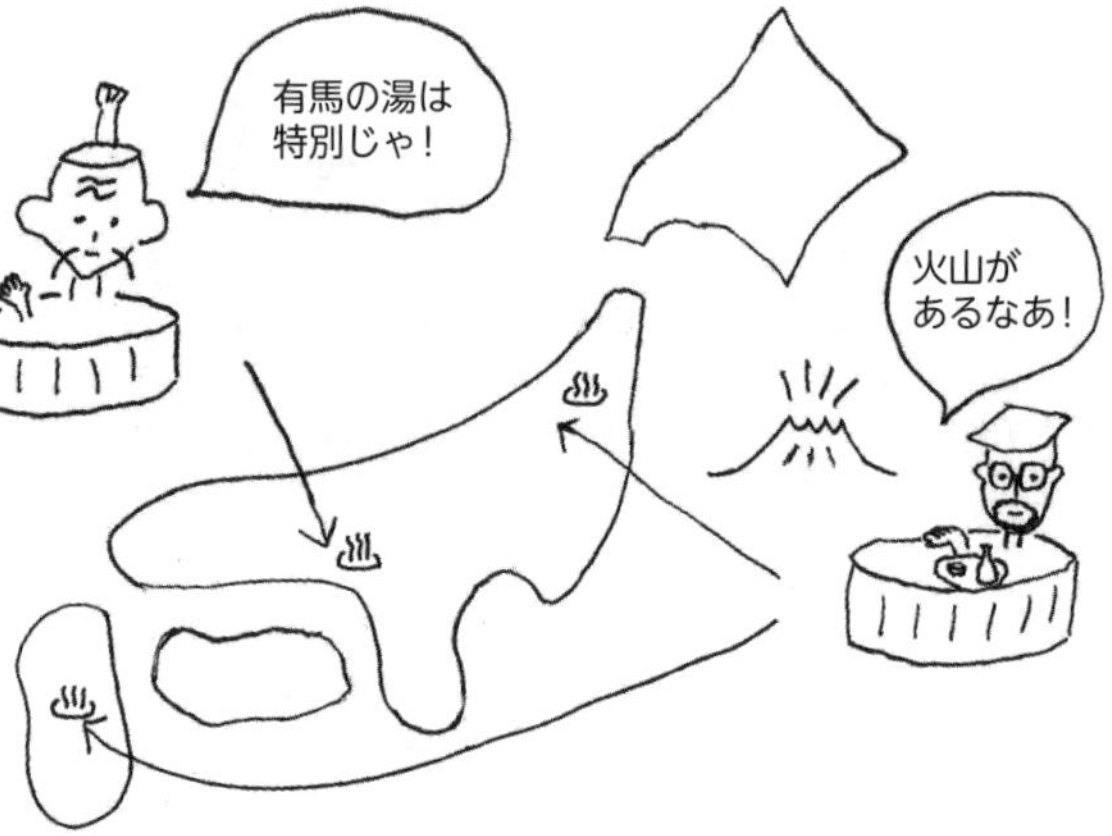

紀伊半島の温泉は、これから紀伊半島で火山活動が始まることを示唆しているという人もいるほどですが、そのような兆候はありません。紀伊半島の下にはフィリピン海プレートが沈み込んでいますが、このプレートはまだ年代が若く、軽くて深く潜っていかないので、そのプレートからの熱が影響しているのではないかとも言われています。

有馬温泉についても同様です。実は有馬温泉は大変ふしぎな温泉で、地下の深いところから温泉水が上がってきている証拠が元素の同位体研究から見つかっているのです。これは大阪大学の私たちの研究グループの研究成果でもあります。

有馬温泉は六甲山系の裏手で、周りは花崗岩からなる地域ですが、ヘリウムという元素の同位体を調べてみると花崗岩をつくったマグマの影響が全然ありません（第3章「8　地球の希ガス同位体内部構造と大阪モデル」を参照）。地下のずっと深いところから水がきていることがわかっていて、他の火山性の温泉とは異なっています。有馬温泉は世界的にも大変特殊なところなのです。

なお、世界地図をみると、火山のない古い地層地域であるイギリスやドイツにも温泉があります。ハンガリーの温泉も有名です。これらの温泉の熱源は火山ではなく、たぶん地下での化学反応（バクテリアによる発酵現象や石炭ができる時の反応など）によるものと推察されています。また、温度もそんなに高くなりません。せいぜい50～60℃ほどです（ハンガリーの温泉はもう少し温度が高いですが）。また、同じように古い地層からなる韓国にも温泉があります。この地域は花崗岩が主体で、古い時期の火山活動のなごりではないかと思われます。

ところで、最近はボーリング技術がすすみ、地中深くまで掘れるので、日本中のいたるところで温泉が出ます。これは、地球のどこでも深いところほど地温が高くなっているからです。火山のない場所でも1m深くなると0・03℃高くなることがわかっています。ですから、１０００ｍも掘れば30℃ぐらいの地下水がとれるわけです。温泉法では25℃以上であれば温泉と称せられますから、どこでもただ深く掘れば温泉が出るということになります。まさに技術の勝利です。

8 温泉の種類と効用

温泉地は山や河近くの静かな地域にあり、そういう場所に行くだけで心理的にリラックスできるという長所があります。

また、実際に、化学的な面では、温泉水にはさまざまの溶存物質があり、それらが皮膚から体に吸収されて良いというのがあります。そのため、お湯につかるよりも飲んだ方が効能が高いというので、飲泉する場合もあります。

溶存物質にはいろいろなものがありますが、それによって名前も変わります。例えば、二酸化炭素（炭酸ガス）が沢山入っているものは「二酸化炭素泉」です。お風呂に入ると気泡が身体につき、しばらくして身体をこするといっせいに泡が出ます。この二酸化炭素の気泡は、肌を刺激し、毛細血管を拡げる効果があります。また、炭酸は胃にも刺激を与えるので、胃腸病にも良いことになります。マグネシウムやカルシウム、ナトリウムの硫酸塩を含む「硫酸塩泉」は便秘や高血圧に良いことが知られています。「含鉄泉」は、名前の通り鉄分が多いので貧血などに良いことがわかります。この他にも「炭酸水素塩泉」や「塩化物泉」、「硫黄泉」なども、含まれている溶存物質による名称です。なお、「単純温泉」というのは、溶存物質の濃度が低く温度が25℃以上で温泉とされたものです。

温泉は水素イオン濃度により、「酸性泉」や「アルカリ性泉」、「中性泉」などとも分類されます。よく「美肌の湯」と称せられているのは、アルカリ性泉です。これは、アルカリ性のため肌に触れるとぬるぬるした感じになり、お肌がつるつるというイメージになるからです。一方、酸性泉の方は、すこしぴりぴりと肌を刺す感じになります。

一方、温泉には物理的な面での効能もあります。まず、温熱効果です。体が温まることにより、末梢神経が広がり、新陳代謝が高まります。ゆったりとお湯につかることで、気分もゆったりして、リラックスすることができます。また、水圧により全身が圧力を受け、内臓が刺激されるという効果もあります。全身マッサージを受けているようなものです。体重や湯の温度にもよりますが、10分ほど入浴すると100キロカロリーぐらいの消費になるようです。半身浴などと言って、よく体の下半身だけ湯につかることが推奨されたりしますが、これは、下半身だけに水圧をかけ、心臓の負担を軽減させようとするものです。通常の立っている状態では、足の方から心臓へ血液を送るのに重力による負担がありますが、水圧で下半身を押すことにより水圧効果が期待されます。また、浮力効果ですが、これは水圧で体が軽くなることによるものです。筋肉の緊張が緩みリラックス効果があります。

私は、露天風呂などで、誰もいない時にぼお～っと顔も半分お湯の中に浸かりお湯に浮かんだりします（頭に毛がないので、温泉で禁止されている髪をつけることにはなりません）。無重力状態で大変気持ちの良いもので、お湯の出てくる音などが聞こえます。青葉や紅葉も眼前に広がります。これは浮力効果の極致です。ただ、もしそんな時に人が入ってきたら、お湯の中で誰かが溺死状態

になって浮かんでいるのではと驚かれることになるかもしれません。
なお、丸（楕円）に三本のゆらゆらした湯気の立つ温泉マークは、私たち日本人には大変お馴染みのものです。風呂だということもすぐにわかります。しかし、外国人にとっては、コーヒーのようなものに見えるそうです。皿に乗った温かい食べ物という人もいます。それで、経産省は人間が３人お湯に入った上に湯気が立っている国際規格の標識に変えようとしましたが、強い反対にあい、現在のマークの存続が決まりました。

火山学者のお宅訪問

東京大学地震研究所におられた荒牧重雄先生は、東京大学の名誉教授ですが、日本火山学会の元会長で世界的にも著名な火山学者です。マダガスカル調査の時に御一緒させてもらいました。

　地質調査などで火山岩を採取する場合、ハンマーで岩から岩石を割り取るのですが、最初に採取した岩石は持ち帰るのに大きかったり形が悪く、困る場合があります。新聞紙で包んだり試料袋に入れるのに、尖ったところがあると破れてしまうのです。そのような場合、岩石を片手に持ち、もう一方の手のハンマーで岩石を叩いて適当な大きさと形にするのですが、石は粉々に割れてしまうこともあり、思っているサイズと形にするのはなかなか難しいものなのです。ところが荒牧先生は、まるでナイフで豆腐を切るように、思った形にハンマーで岩石を割っていかれるので驚く

というより感動したのを覚えています。

マダガスカル調査隊では荒牧先生が一番年上で、調査に行く前に、全員が荒牧先生の家に招かれました。当時私は大学院生で大学の先生のお宅を訪問するのは初めてでした。

荒牧先生の家には地下室がありました。そこでスピーカーから何かわからない音が鳴っています。先生から笑顔で、

「何の音かわかりますか?」

と聞かれたのですが、まったくわかりません。ドドッーと低く響くような音があったり、聞いたことのない音です。先生はそれに真剣に聞き入っておられます。

「これは火山の噴火音です」

と言われ、驚きました。

機関車の音を線路近くにマイクを置いて録音して聴く鉄道マニアがいることは知っていましたが、火山の噴火音を録音して聴く人は聞いたことがありませんでした。よほど火山の研究が好きなのだろうなあと思いました。自宅で火山の噴火音を聴くというのも、荒牧先生の研究の一端だったようです。

火山によって噴火音に微妙な差があるようです。例えば、日本の火山の溶岩はケイ素が多く粘りがあるのですが、ハワイの溶岩はケイ素が少なくさらさらしています。そのためハワイでは爆発的な噴火が起こらないことも前に述べましたが、それで火山の噴火音も変わってきます。また、溶岩

の粘性は日本の中の火山でも地域によって微妙な差があります。火山学者の荒牧先生はその微妙な噴火音の差を聴き分けることができるようでした。さすが、専門家はすごいものだと感心しました。

そういえば、イワシ料理の専門店がありましたが、そこの店主が面白いことを言っていました。ある時、お客さんがきて、

「このイワシはどこそこのイワシだね」

と判定したというのです。どうしてそんなことがわかったのかと聞いてみると、イワシの研究者で顔をみるだけでイワシの産地がわかるというのです。研究者というのは、そこまで徹底して研究するものなのだと、これにも感心しました。

第3章

同位体からわかる地球の歴史

1 地球の現象を調べる同位体科学とは？

地球科学には地震学や火山学などさまざまな研究分野がありますが、大気や海洋などの起源や進化の探究、地球内部および外部でどのように物質が変化し移動していくかという物質循環の研究をする研究分野に「同位体科学」があります。同位体科学は元素の同位体というものを使った科学です。同位体科学の進歩により、地球や生物の起源と進化の様子が空想上の物語でなく、実際の科学として確立しました（第3章「2　同位体科学研究で何がわかるのか？」を参照）。

元素の同位体とは何でしょう。すべての物質は元素からできています。その元素の基本構造である原子は、中心にある原子核とその周りを回る電子からなっています。この原子核は陽子と中性子という粒子でできています。陽子は正の電荷と質量（重さを生じる物質量）を持っており、中性子は、電荷はなく質量だけを持っています。陽子と中性子の質量はほぼ同じです。原子核の周りを回る電子は負の電荷を持っていますが、ほとんど質量はありません（陽子の1840分の1）。

陽子の数だけ電子があり、原子内では正負の電荷が釣り合っています。陽子と中性子の合計数を「質量数」と呼びます。また、陽子の数は「原子番号」で、この数で元素の性質が決まる、すなわち元素の名前が決まることになります。例えば、原子番号1の元素は水素（H）で、この原子核には陽子が1個あります。原子番号2の元素はヘリウム（He）でこの原子核には陽子が2個あるというわけです。

さて、水素の原子核には陽子が1個だけのものの他に、陽子1個と中性子1個が入っているものがあります。両方とも、陽子の数は1個なので水素という同じ元素ですが、前者の水素の質量数は1で、後者の水素の質量数は2ということになります。同じ水素ですが、重さは2倍も違うことになります。それで、質量数2の水素を「重水素」と呼びます。実は、水素には中性子が2個あるものも微量に存在します。それは重さが通常の水素の3倍あることになり、「三重水素」と呼ばれます。

このように、同じ元素で質量数だけが異なるものを「同位体」と呼びます。ある陽子数と質量数で決まる原子を「核種」と呼びますが、同位体は、同じ陽子数（元素）で異なる質量数をもった核種ということになります。

水素の場合、同位体に対して重水素、三重水素などと、少し異なる呼び方をしますが、一般的には元素名の後に質量数をつけて同位体を表します。例えば、原子番号2（陽子が2個）のヘリウムには中性子が1個のものと、2個のものがありますが、質量数が3（陽子数2＋中性子数1）のものを「ヘリウム3」、質量数が4（陽子数2＋中性子数2）のものを「ヘリウム4」と呼びます。

また、元素記号の左肩に質量数を小さく書いて同位体を表すこともします。ヘリウ

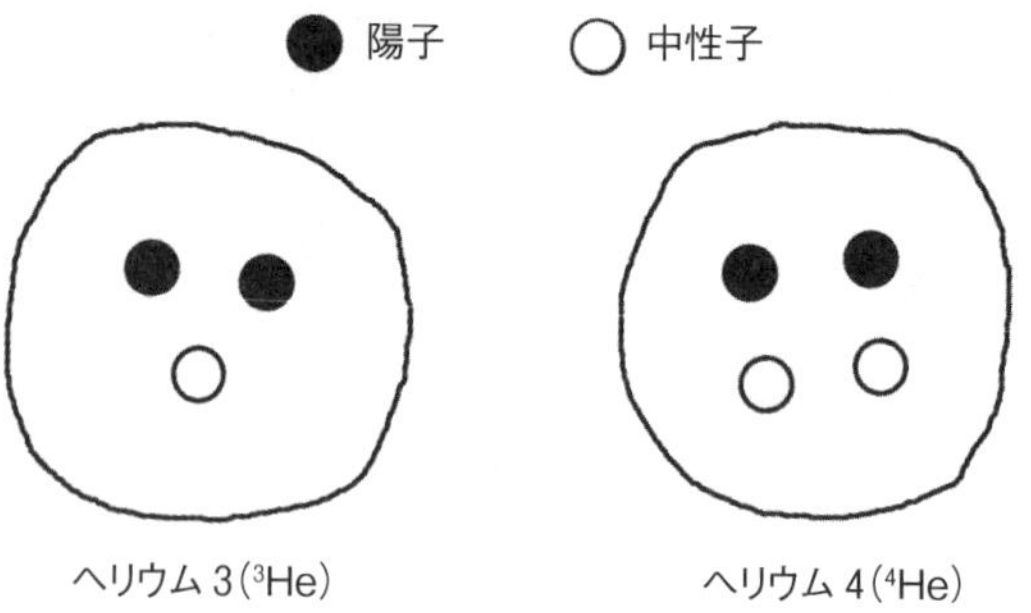

ヘリウムの2つの同位体の原子核内

ム3は^{3}Heで、ヘリウム4は^{4}Heです。また、重水素は^{2}Hとなりますが、略号でDとも表します。三重水素の^{3}Hの略号はTです。

物質中に存在する元素の同位体の数の比が「同位体比」です。

さて、地球の岩石、隕石や月の試料を含め、太陽系内の元素の同位体比は特別な理由がない限り、各元素においてほぼ一定の値なのです。

どのぐらいまで同位体比が一定かというと、0・01%の値でやっと変動があるかどうかです。%（パーセント）というのは百分率の単位ですが、‰（パーミル）という単位があり、これは全体を千としてその割合を表す千分率です。ですから、0・01%というのは0・1‰です。同位体比の変動は数字でいうと小数点から下4桁目で変動があるかどうかということで、そのぐらい元素の同位体比は一定になっています。また、この程度まで元素の同位体比を

同位体比の表し方

本文中で ^{3}He/^{4}He などと書いてあるのは

分数で $\frac{^{3}\mathrm{He}}{^{4}\mathrm{He}}$ のことで

それぞれの同位体の数比です

精密に測定することができるのです。

このように太陽系内の元素の同位体比が一定なのは、太陽系はかつて高温のガス状態で、化学的に同じ性質の各元素は太陽系のいたるところで均質な同位体比になり、そこから太陽系がつくられていったと考えられているからです。

もっとも、太陽系はこのガス状態だった原始太陽系星雲の時に、それほど温度が上がらなかったという研究者もいます。物理的な観点からの意見なのですが、化学的にはこの均質な同位体比を説明するには、原始太陽系星雲はかって高温で、太陽系のどの場所でも各元素の同位体比が一定だったと考える必要があります。

そして、太陽系内の物質中に、この均質な同位体比とは異なる同位体比が検出された時、それを生じた特別な理由を探り、どのようなことが起こったのかを調べるのが「同位体科学」なのです。

2 同位体科学研究で何がわかるのか？

同位体比が変わる「特別な理由」は、いくつかあります。水素や炭素、窒素などの軽い元素では、固体から気体になったりするさまざまな物理化学反応で、同位体比が変化します。例えば水ですが、水は水素と酸素の化合物です。先の水素と重水素では質量が倍も違いますから、水が蒸発する時、気体になるのは重水素よりも普通の水素からなる水を気体にした方がエネルギー的に得になります。それで、空気中の水蒸気の重水素／水素の比は、液体の水の重水素／水素の比よりも小さくなります。

この水蒸気中の同位体比と水中の同位体比の

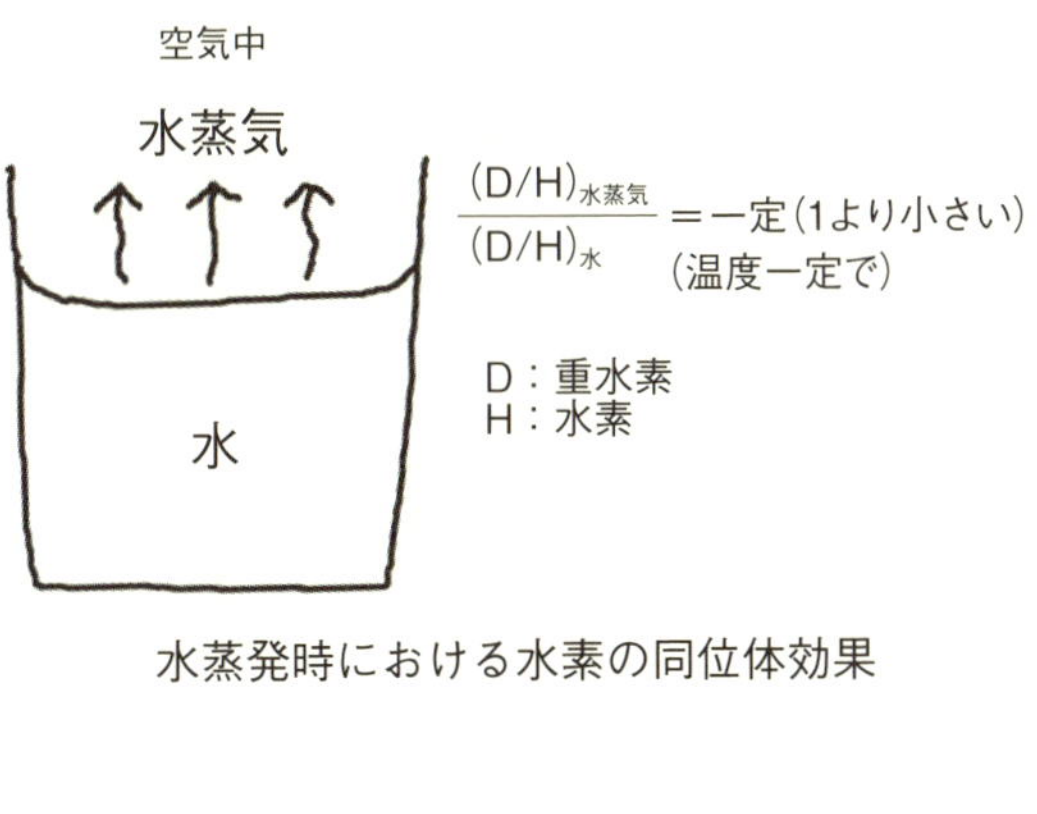

水蒸発時における水素の同位体効果

相対比は温度により決まります。これは、さまざまな重さの水分子が温度による熱運動をしていて、水中に飛び込む分子も水から飛び出す分子もあることによります。温度が高くなると熱エネルギーは大きくなり、水分子の運動はより活発になりますから、水中と水蒸気中で同じような同位体比になるということが考えられます。ですから、温度が高くなると、この同位体比の相対比は1に近くなります。このように物質が変化する時に同位体比が変化することを「同位体効果」と呼びますが、温度による同位体効果は、低温の方が1より大きく外れることになります。

同位体効果は温度により決まることから、逆に氷の中の水素の同位体比を測定することにより、氷ができた時の温度を推定することができます。実際、南極の氷床コア（ドリルで採取した氷柱）などの水素の同位体比から古い時代の気温が求められています。

水分子の中の水素についてだけ話しましたが、これは酸素についても同じことです。酸素には、三つの同位体があります。酸素16（^{16}O）、酸素17（^{17}O）、酸素18（^{18}O）です。この中では、酸素16の存在量が一番大きいので、酸素16に対する比として（酸素16の数を分母として）酸素の同位体比を表します。また、酸素17は大変微量なので、一般的には酸素18の酸素16に対する$^{18}O/^{16}O$比を酸素同位体比として使います。

海水中で貝類が貝殻をつくる時は、海水中の炭酸イオンを炭酸カルシウムとして結晶化させるわけですが、海水中の酸素同位体比と貝殻の炭酸カルシウム中の酸素同位体比の相互比は当時の海水の温度で決まることになります。

これを使えば、昔の貝の化石の酸素の同位体比を測定することにより、昔の海水温を推定することができます。氷床コアについても同じで、酸素の同位体比から古い時代の気候を知ることができます。このような研究が地球化学の分野で広く行われています。

水素、炭素、窒素、酸素などの元素を軽元素と呼びますが、これらの元素は天然にたくさん存在するとともに、さまざまな化学反応で同位体比が変動します。このような同位体比の変動は、ある標準物質からの差として前節で述べたパーミル（‰）の単位で表されます。水素、酸素、炭素などの元素では、標準物質としては海水や、ある標準的な化石などを使っています。

水素(H)	^{1}H, ^{2}H(D), ^{3}H(T)
炭素(C)	^{12}C, ^{13}C, ^{14}C
窒素(N)	^{14}N, ^{15}N
酸素(O)	^{16}O, ^{17}O, ^{18}O

軽元素のさまざまな同位体

これらの元素の同位体を使った面白い研究もあります。例えば、窒素の同位体には窒素14（^{14}N）と窒素15（^{15}N）があるのですが、食物連鎖によって窒素の同位体比が変わるので、食物連鎖の階層を決めることができます。これによれば、琵琶湖などでどの魚がどの魚を食べているかなどの階層もわかることになり、そのような研究が実際に行われています。

また、光合成は大気中の二酸化炭素と水を使って糖をつくり酸素を放出する植物の働きですが、二つの経路（C３型光合成とC４型光合成）があり、それにより炭素の同位体比が異なることがわかっています。炭素の大部分は炭素12（^{12}C）なのですが、炭素13（^{13}C）が天然に1％ほど存在します。この^{13}Cの割合がC３植物ではC４植物より小さくなるのです。このようにC３植物とC４植物で炭素の同位体比が異なることを使えば、例えば酒の材料が小麦（C３植物）かトウモロコシやサトウキビ（C４植物）なのかということを酒の中の炭素の同位

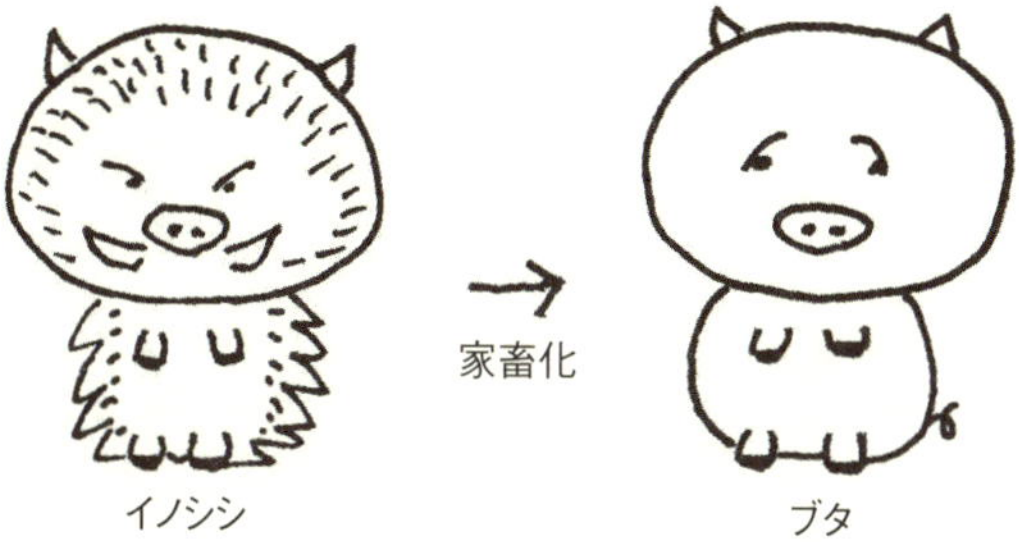

家畜化することにより、食べ物が変わるので
体内の炭素同位体比も変わる

体比から決定できます。実際そのような論文もあります。

ちなみに、生物の体の炭素同位体比はその食べ物によって決定されることがわかっています。私達も、人間の吐く息の中の炭素同位体比を測定し、食べ物によって一日でもかなり変化することを見つけました。

また、縄文時代の人たちや家畜がどのような食性を持っていたのかも、これら軽元素の同位体研究から明らかになっています。野生のイノシシをブタとして家畜化した時代も、骨の化石の炭素同位体比を測定すれば、森の中の食べ物から人間の与える餌になった時として判明します。

さらに、もっと重い元素、例えば鉛（Pb）の同位体比を調べて、古代の青銅器の産地を同定するというような研究もされています。古代の青銅は銅、錫、鉛の合金なのです。鉛には4つの同位体（^{204}Pb, ^{206}Pb, ^{207}Pb, ^{208}Pb）があり、この内^{204}Pbが安定同位体で、^{206}Pbと^{207}Pbがウラン（U）から、^{208}Pbがトリウム（Th）から、次項で説明する放射壊変によってできてきます。これらの同位体相互の比を使うことにより、産地の区別が可能なのです。

このように、同位体科学は地球科学のみならず食性科学から考古学までの幅広い分野にまたがっており、それぞれが大きな研究分野として発展しているのです。

3　年代の測り方

太陽系内の同位体比を変えるもう一つの「特別な理由」として、放射壊変によるものがあります。放射壊変というのは、ある放射性元素の同位体（親核種）が別の元素の同位体（娘《むすめ》核種）に変わることです。放射壊変が進むと、その娘核種の同位体比が時間とともに増えることになります。親核種が一定の時間に放射壊変する割合はその親核種の量に比例して一定で、その比例係数（定数）

は温度や圧力により変化しないことがわかっています。この係数が変化しないことは、万有引力係数が変化しないことと同じほどなのです。

そして、親核種の量とその娘核種の量を測定すれば、岩石の年代が測定できるというわけです。

地球の歴史を研究する上で、年代というのは、時間軸を決定するということで大変重要な情報です。ですから、同位体科学というのは、もともと年代を正確に決定したいということから、同位体比の精密測定が進歩した結果の学問分野なのです。

岩石の年代などを測定するのに使う、さまざまな親核種と娘核種の組み合わせ（放射壊変系列）があります。

実は、年代測定をするのに、その決めようとしている年代ぐらいの半減期（親核種の量が半分になるまでの時間）の放射壊変系列を選ぶことが必要なのです。というのは、半減期に比べて、年代があまりにも若いと娘核種のできる量がわずかなので、その微小量の測定が難しいし、年代が古すぎてもつくられている娘核種の量の変動がわずかなので精度が出ません。

このように、年代を測るのに、あらかじめ年代を知らないといけないというジレンマがあるのですが、そのような異なる半減期の放射壊変系列がいくつかあります。例えば、カリウム・アルゴン法というのは、カリウム40（^{40}K）がアルゴン40（^{40}Ar）に壊変するのを使った有名な年代測定法ですが、半減期が約13億年です。またルビジウム・ストロンチウム法というのは、ルビジウム87（^{87}Rb）

年代測定に使うさまざまな放射壊変系列

放射壊変系列			半減期
^{40}K	→	^{40}Ar	約13億年
^{87}Rb	→	^{87}Sr	約490億年
^{235}U	→	^{207}Pb	約7億年
^{238}U	→	^{206}Pb	約45億年
^{232}Th	→	^{208}Pb	約140億年
^{147}Sm	→	^{143}Nd	約1100億年

元素記号とその元素名：K（カリウム）、Ar（アルゴン）、Rb（ルビジウム）、Sr（ストロンチウム）、U（ウラン）、Pb（鉛）、Th（トリウム）、Sm（サマリウム）、Nd（ネオジム）

がストロンチウム87（^{87}Sr）に壊変するのを利用したものですが、この半減期は約490億年です。

放射壊変があると娘核種の元素の同位体比は時間的にも全岩ごと、あるいは岩石中の鉱物ごとにも変化しますが、親核種の元素の同位体比は時間的には変化しますが場所的にはどこでも同じです。

というのは、親核種の元素の中で放射性核種の同位体の割合は同じ比率で変化していくだけだからです。ですから、場所により元素の量が違っても、その同位体比は同じで、時間的に変わっていくだけです。一方、娘核種の方は親核種の量の影響をもろに受けます。その娘核種に対して親核種がたくさんあれば、その親核種から壊変してくる量の影響は大きく、親核種の量が少なければ、娘核種の量への影響は小さくなります。娘核種に対する親核種の量によって、娘核種の同位体比が試料によって変化するのです。

このようなことから、親核種の方は元素の量だけを測定すれば、その同位体比はどこでも同じ値なので、そのわかっている現在の存在率を測定された元素量にかければ親核種の量がわかります。娘核種の量は、元素量と同位体比を測定する必要があります。

さて、岩石などの年代を測定するためには、二つの重要な仮定があります。それは、岩石ができた時に測定しようとしているその地域あるいは岩石内で元素の同位体比が同じであったことと、親核種や娘核種が外へ出て行ったり外から入ってきたりすることがないことです。

1番目の仮定は、最初に同位体比が同じでなければそこからの同位体比の差として年代が測れないからです。例えば火成岩などのように岩石が融けて同位体比が同じ値になり、それが冷却したなら、その冷却した時からの年代を得ることができます。ところが、堆積岩のようなものだと堆積し始めた時にすでに同位体比が岩石のさまざまなところで異なっているので、このような同位体比を使った方法では年代が出せないのです。

2番目の仮定は「閉鎖系」と呼ばれるものです。放射壊変した娘核種がその場所に蓄積しないで出て行けば、たまっているはずの娘核種の量が減るわけですから、年代が若くなるというのは容易に理解できます。例えば、岩石の風化などにより娘核種が流出したような場合には、見かけの若い年代が測定されることになります。また親核種が岩石から出て行った場合には古い年代が測定されることになりますし、入ってきた場合は若い年代になります。

このため、海底の火山岩などについて、カリウム・アルゴン法による年代測定をする時には注意が必要です。それは、海底なので岩石が風化しやすく娘核種のアルゴン40が岩石から出て行ってしまったり、海水中のカリウムが岩石に浸み込む（親核種であるカリウム40が岩石中で増える）ことがあることで、どちらの場合も若い年代が測定されることになります。

このように閉鎖系であるかどうかは大変重要なことなのですが、これをチェックするのに「アイソクロン法」というのがあります。横軸に親核種と娘核種の元素の安定な同位体との比、縦軸に娘核種の元素の同位体比をとり、いくつかのデータを測定しこの図上に載せてみます。年代ゼロの時はどこをとっても同じ同位体比であったはずで横一直線に並びます。年代が経つと横軸の分子の親核種が縦軸の分子の娘核種に壊変します。親核種がたくさんあるものは娘核種がたくさんできることになり、いつもデータ点は直線上に並ぶことになります。この線を「アイソクロン（等時線）」と呼びます。このアイソクロンの傾き

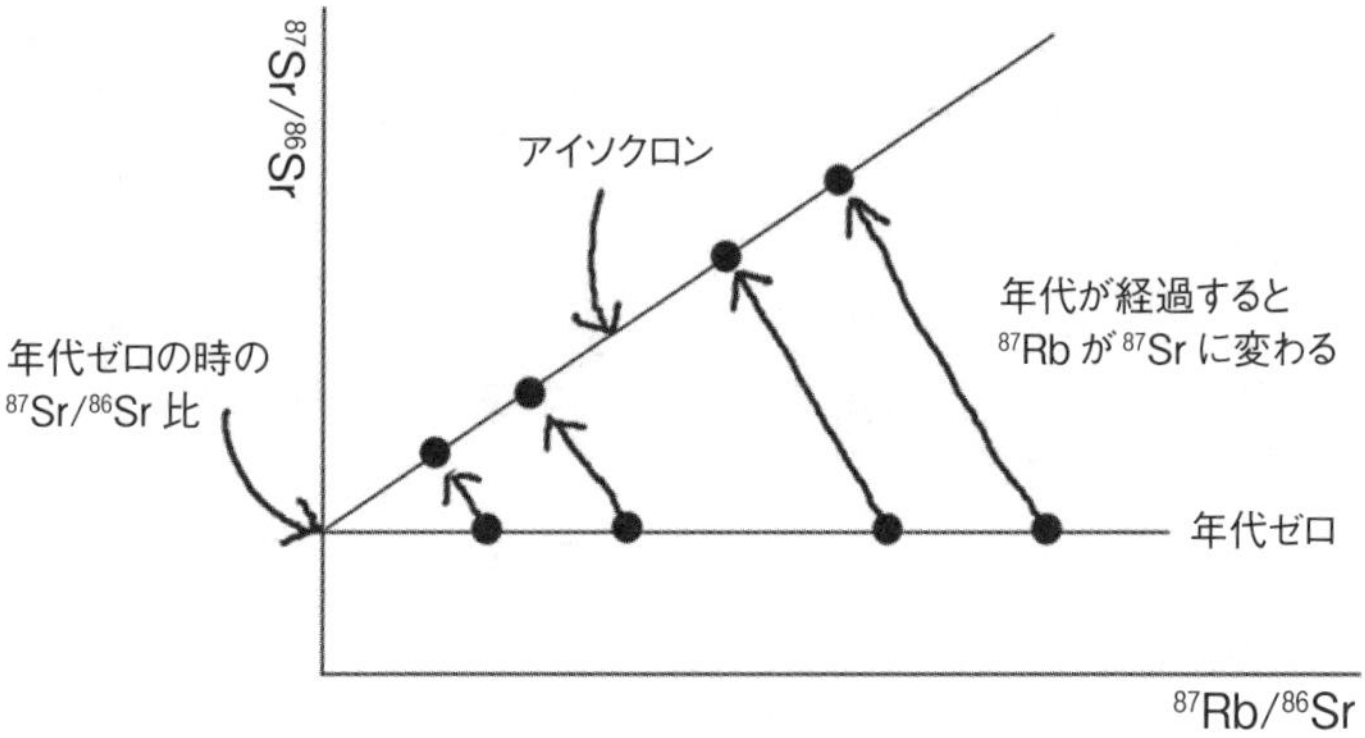

ルビジウム・ストロンチウム法におけるアイソクロン（等時線）

は年代が経過するにつれ急になっていきます。また、アイソクロンが縦軸と交わるところが、系が最初に持っていた娘核種の元素の同位体比です。

もし、岩石のどこかで元素の出入りがある場合には、データ点はアイソクロンをつくらず、ばらばらに散ってしまいます。ですから、アイソクロン法は閉鎖系だったかどうかをチェックできる画期的な方法だとされています。

4 偽の年代とさまざまな年代

実は閉鎖系が破られている時でもみかけのアイソクロンが成立するという面白いことが起こるのです。それは、親核種も娘核種もその量に比例して岩石から浸み出すような場合です。この「量に比例する」という過程は、その量の2乗や3乗でなく、1乗の量に比例するという意味で、「1次のレイトプロセス」と呼ばれます。

このような1次のレイトプロセスによる核種の流出を数式に組み入れて方程式を解けば、見かけのアイソクロンが得られることを数学的に証明できるのです。なぜそうなるかを簡単に言ってしまうと、放射壊変の式もその量に比例してたくさんあればたくさん壊変するという、いわば1次のレイトプロセスと同じ形式の式になっていて、うまく繰り込んで方程式を解けるからなのです。もちろん、この場合、偽の年代が出ることになります。

このことに気がついたのは、私が大学院の修士課程の学生だった頃です。当時の指導教官であった小嶋稔先生に話したところ、論文にするよう勧めていただきました。

これが私の書いた最初の論文です。短い論文ですが、英文で書くので大変だったのを憶えています。論文を日本地球化学会の学会誌であるGeochemical Journalに投稿したところ、学会誌の編集長も大変面白がってくれ、論文を採択してくれました。

その後、ロシアの科学者からこの論文についてコメントの投稿があり、それに対する私の返答も学会誌に載ることになりました。編集長は学会誌上で議論ができるような論文を載せることができて良かったと喜んでくれました。

ところで、地球の年齢は約46億年とされていますが、地球の岩石で46億年の年代のものはありません。一番古いものでも42億年ほどです。では、どうして地球の年齢が約46億年かというと、これは隕石の年代なのです。隕石はガス状の原始太陽系星雲から固体が析出してそれが集まったもので、地球も同様の過程を経てできたと考えているからです。先に書いたように、地球も隕石も（そして月も）元素の同位体比は特に理由がない限り大変よく一致しています。それが地球も隕石も月も皆同じ時に誕生したという証拠になっています。地球は誕生後から現在まで活発な火山活動をしているので、古い岩石は年代的に新しくされて（同位体比がまた同じ値になってしまいます）、46億年前に生まれた岩石はなかなか見つかりません。

さて、このような年代は「絶対年代」と呼ばれるものですが、実は、さまざまな年代があります。太陽系がガスの状態から固体になるまでの年代が「形成年代」と呼ばれるものです。また、隕石が宇宙でどのぐらい宇宙線を照射されていたかという年代は「宇宙線照射年代」です。隕石が地球に落下してから地球上で経過した年代というのもありますが、それが「落下年代」です。いずれも放射壊変を利用したものですが、宇宙惑星科学の分野に入るので、本書では説明を省略します。

遺跡などの年代を測定するのに「炭素14法」を利用するというのを聞かれたことがあると思います。これは、先に述べたような絶対年代とは少し原理が違うので、ここで説明しておきます。

炭素14（^{14}C）は大気の上空で窒素14（^{14}N）に宇宙線が照射されことにより

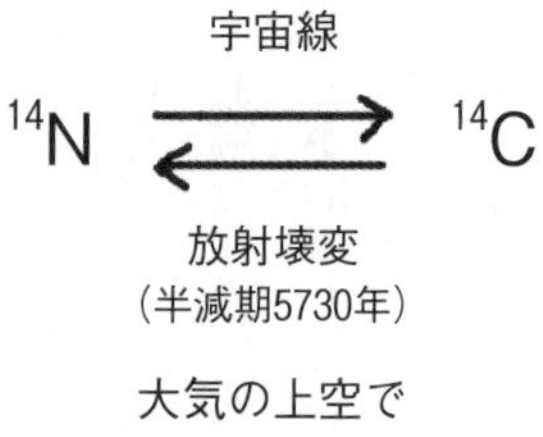

つくられます。しかし、炭素14は不安定な元素で、放射壊変してまた窒素14に戻ってしまいます。その半減期は５７３０年です。大気上空では炭素14は宇宙線によってつくられると同時に、たくさんできると、その量に比例して放射壊変して再び窒素14に戻る割合が増加します。ですから、この炭素14がつくられる量と壊れる量が釣り合った状態になり、大気中の$^{14}C/^{12}C$比が一定の値になっているのです。この炭素は大気中で酸素とも結合し、二酸化炭素になり、光合成により植物の中に取り入れられたり、またそれを動物が食べたりしますから、地球の生物と大気は同じ$^{14}C/^{12}C$比になっています。

ところが、生物が死亡すると、大気と炭素のやりとりがなくなりますから、生物体の中で炭素14はどんどんと窒素14に壊変していくだけです。ですから、その生物体の中の$^{14}C/^{12}C$比を測定すれば、生物体が死んで大気と炭素のやり取りをしなくなってからの年代がわかるというわけです。ですから、炭素14法というのは木片などの年代測定によく使われます。ただ、半減期が５７３０年ということからわかるように、年代があまり古いとその$^{14}C/^{12}C$比にあまり違いが出てこないので、測定することが難しくなります。本来は数千年という年代測定に適していますが、現在では6万年ぐらいまでの年代測定が可能なようです。技術の進歩により炭素の同位体比がより精密に測定できるようになったからです。

5 地球内部の元素の同位体比でわかること

海や陸での岩石の年代測定が盛んに行われ、岩石中の元素の同位体比などが明らかになると、いろいろと面白いことがわかってきました。地球のさまざまな場所で元素の同位体比が異なっているのです。

ストロンチウム（Sr）は天然には質量数が84、86、87、88のものがあります。この中でストロンチウム87（^{87}Sr）はルビジウム87（^{87}Rb）からの放射壊変でもできるものです。ストロンチウム86（^{86}Sr）は放射壊変などのない安定な同位体なので、ストロンチウム同位体比はこの同位体を分母として^{87}Srを分子と

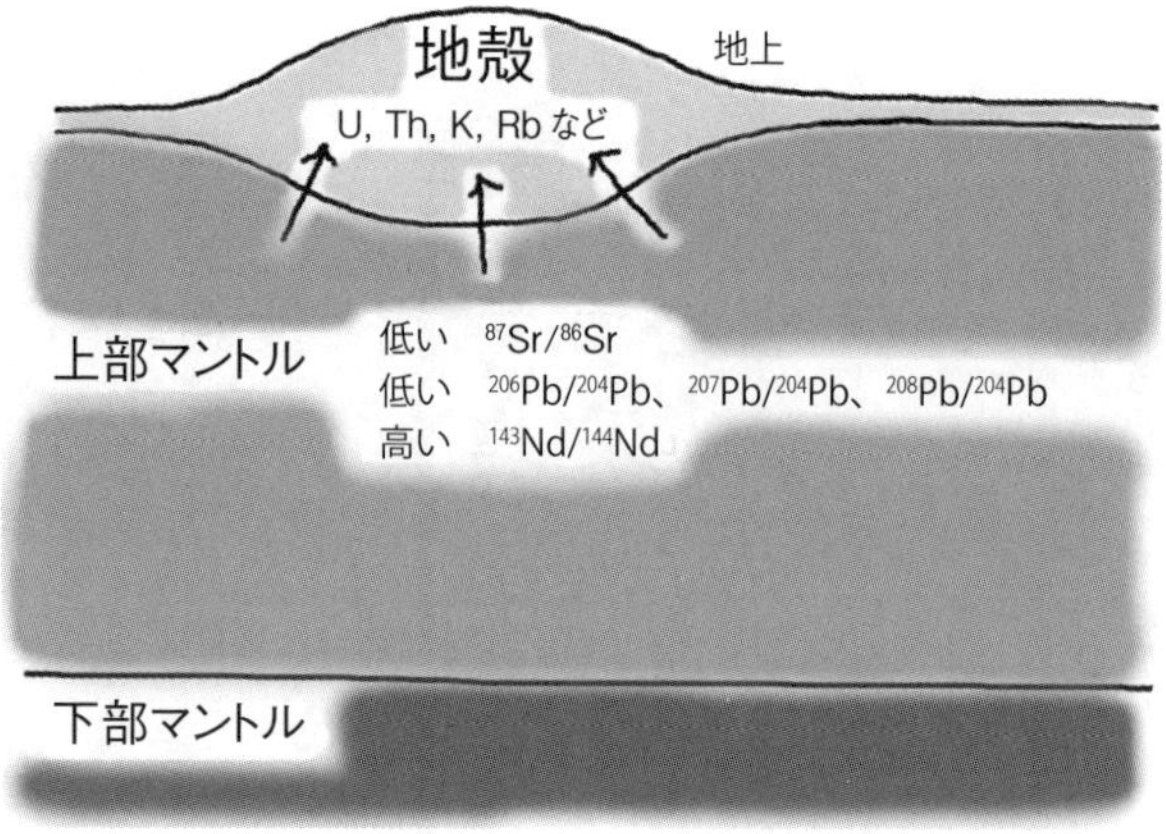

地球内部の元素の同位体比

して$^{87}Sr/^{86}Sr$比などとして表されます。

火山から出てきて冷えて固まったばかり（年代ゼロ）の岩石の$^{87}Sr/^{86}Sr$比を測定すると、プレートの生まれる発散境界である中央海嶺の火山と、マントルの底部にあるホットスポット起源のハワイのような火山島では、その$^{87}Sr/^{86}Sr$比が異なっています。それは1970年代の頃に世界各地で徐々にわかってきたことで、私の博士論文の仕事もこのような研究の一環でした。日本列島のような沈み込み帯での火山も含めて世界のさまざまな地域の火山岩の$^{87}Sr/^{86}Sr$比の相互比較をしたものです。

海洋島（ハワイやタヒチなど海洋にあ

る島）での火山岩の$^{87}Sr/^{86}Sr$比の値は中央海嶺での火山岩の値よりも高いのですが、このことはマントルの深いところでは、$^{87}Sr/^{86}Sr$比が高いということを示しています。^{87}Srをつくりだすのは放射性核種であるルビジウム87（^{87}Rb）ですから、このことは、上部マントルが元素のルビジウムに乏しいということを示唆しています。ルビジウムはアルカリ金属元素で、マグマができる時にマグマに入りやすい元素です（第2章「2　地域による火山岩の成分の違い」を参照）。ですから、昔、上部マントルが部分溶融して地殻をつくった時に、上部マントルではイオン半径の大きなアルカリ金属元素（Na, K, Rbなど）やアルカリ土類金属元素（Mg, Ca, Srなど）などが、地殻の方に大量に移ってしまって、その欠乏したことの証拠がまだ上部マントルに残っていると考えられるのです。

　同じことはイオン半径の大きいウランについても見られます。第2章に書いたようにイオン半径の大きい元素はマグマなどができた場合に、固相よりも液相の方に入りやすいのです。その結果、ウランから壊変してできる鉛の同位体に影響が見られます。鉛の安定同位体は鉛２０４（^{204}Pb）で、ウランから壊変してくる鉛は、鉛２０６（^{206}Pb）です。上部マントル起源の中央海嶺での火山岩の$^{206}Pb/^{204}Pb$比は下部マントル起源の海洋島の火山岩のものより低くなっています。

同じことはサマリウム・ネオジムの放射壊変系列でもその影響が見られます。この系ではサマリウム１４７（^{147}Sm）がネオジム１４３（^{143}Nd）に壊変します。安定同位体であるネオジム１４４（^{144}Nd）との比、$^{143}Nd/^{144}Nd$比で見ると、上部マントル起源である中央海嶺の火山岩の方が、これまでとは逆に$^{143}Nd/^{144}Nd$比が高くなります。これは、これまでの元素とは逆に、マグマ生成などの部分溶融の際に親元素であるサマリウムの方がネオジムより液相に入りにくいためです。ですから、ルビジウム・ストロンチウム系やウラン・鉛系とは逆の結果になっているのです。

現在は、このようなさまざまの放射壊変系の組み合わせから、各地域の起源についてもっと詳細な議論がなされています。いずれにしろ、マントル上部からマントル物質の部分溶融により地殻がつくられ、アルカリ金属、アルカリ土類金属の元素などが地殻の方により多く移動した時期があったと考えられています。この意味で、上部マントルを地球化学的に「枯渇（depleted）マントル」と呼ぶこともあります。この枯渇マントルができたのは、これら元素の同位体比の違いの大きさから約30億年前と推定されています。

6 地球の大気と海洋の特徴

原始太陽系星雲の中で固体の塵が集って地球ができた時、その集積エネルギーで地球は大変高温だったと考えられています。現在の海の水もすべて蒸発して水蒸気として大気中にありました。それから地球は冷えて、大気中の水蒸気は水となり海となりました。ですから、大気と海洋がいつできたのかという問題については、海洋の水も昔は気体として存在したということで、大気と同じに取り扱うことができます。

さて、地球の大気は窒素が主成分で78％、次に多いのが酸素で21％です。二酸化炭素はわずか０・０３２％しかありません。一方、火星や金星では大気の主成分は二酸化炭素です。金星では97％、火星では95％になります。どちらの惑星でも次に多いのが窒素で、それでほとんど100%です。酸素はほとんどなく、火星でも0・1%ほどです。同じ太陽系の固体惑星であるにもかかわらず、なぜ地球だけ大気の成分が異なっているのでしょう。

実は、地球の二酸化炭素は石灰岩として固体になって地球に固定されているのです。石灰岩というのは炭酸カルシウムです。昔、学校の実験などで石灰水に息を吹き込むと白く濁る実験をしたと思いますが、この時にできるのが炭酸カルシウムです。石灰水というのは、水酸化カルシウムを目いっぱい水に溶かした飽和溶液で、それが吐く息の中の二酸化炭素と反応して、炭酸カルシウムができるのです。炭酸カルシウムは水に溶けないので、白い微粒子の炭酸カルシウムができて白濁します。

地球では、大気中の二酸化炭素の3～10万倍もの量が地球表層の石灰岩に取

惑星の大気の成分

	金星	地球	火星
二酸化炭素	97%	0.032%	95%
窒素	3.5%	78%	2.7%
酸素		21%	0.1%
アルゴン		0.9%	1.6%

り込まれていると推測されています。この石灰岩に取り込まれている炭酸ガスをすべて大気中に放出すると、地球の大気も火星や金星と同じように二酸化炭素が主成分の大気になるのです。

約46億年前の地球形成初期には、隕石の衝突で地球表面は溶融してマグマの海になっていたと考えられています。海水は水蒸気として大気中にありましたが、実は水蒸気は強力な温室効果ガスなのです。ですから、水が水蒸気として大気にあった時には、その温室効果でも地球は温められていました。

やがて、水蒸気は地球表面の溶融した岩石に溶け込み、水蒸気による保温効果も低くなりますが、表面は岩石の融点の温度になったままです。計算によれば、地球のサイズが現在の約90％になった時、最初の雨（水蒸気が水になる）が降ったと考えられています。液体の水である海ができると、そこに二酸化炭素が溶け、酸性になった海に岩石も溶け込み、炭酸カルシウムの形成なども始まります。38億年前の堆積岩があることなどから、その頃すでに海が存在したと考えられています。

やがて、光合成をする生物（シアノバクテリア）が現れて酸素が供給されるようになりました。シアノバクテリアの化石はストロマトライトと呼ばれる層状の岩石です。ストロマトライトはシアノバクテリアの死がいが海の中で降り積もって岩石化したものなのです。

最初に出てきた酸素は海水中の鉄の酸化に使われました。26～18億年前の地層に酸化鉄の層（縞状鉄鉱床）が存在していることがそれを表しています。オーストラリアの大規模な縞状鉄鉱床は大変有名です。そして海水中の鉄の酸化が終了した後に、酸素が大気中に放出されるようになったのです。

地球では、このように二酸化炭素が石灰岩として固定されたのと、シアノバクテリアが出現して二酸化炭素を酸素にする光合成が行われたことにより、大気中に酸素が21％も含まれることになったのです。

7　大気と海洋はいつどのようにつくられたのか？

それでは、現在の大気は最初にあったもの（1次大気説）か、それとも後に地球内部から脱ガスしてできたもの（2次大気説）なのか、そのどちらなのでしょう。それは希ガスという元素の存在量からわかるのです。

希ガスは貴ガスという呼び方もします。英語でもrare gas（希ガス）とnoble gas（貴ガス）という二つの呼び方があります。

希ガスは周期表の一番右にあって、上からヘリウム（He）、ネオン（Ne）、アルゴン（Ar）、クリプトン（Kr）、キセノン（Xe）です。これらの希ガス元素は化学的に大変安定で、他の元素とは化合物をつくりません。気高い（noble）人はあまり人と交わらないのと同じで、希ガスも他の元素と結合しないことからnoble gasという呼び方になったようです。また、希ガスは揮発性の高い気体元素ですから、温度、圧力などといった物理的な条件で大きく変動しますし、量も大変少ないのです。それで、「希《まれ》な（rare）」という意味でrare gasという呼び方にもなったようです。特に理由はないのですが、日本語の論文では希ガスという書き方を、英語の論文ではnoble gasを使う人が多いです。

希ガスは化学的に安定で物理的な温度・圧力で大きく変動することから、宇宙科学や地球科学では希ガスの存在量や同位体比を測定して、太陽系や地球の起源や進化の過程で起こったさまざまな事件を探ろうという研究がなされています。大阪大学の私の研究室でもそのような「希ガス同位体科学」という分野の研究をしていました。

さて、地球の大気中に希ガスはどれくらいの量で存在するのでしょう。隕石中に含まれている希ガスの量もよく測定されてわかっています。そこで、地球の大気を地球内部に押し込めた場合の地球の希ガス量と、隕石に入っている希ガス量を比較すると、地球中の希ガス存在量が隕石と比べて桁違いに小さくなっているのです。

もし隕石のような物質が集まって地球ができ、溶融して希ガスが地球大気中に放出（脱ガス）されて今も残っていたとしたら、隕石に含まれているのと同じ程度の量が地球大気にもあるはずです。地球大気の希ガス量が隕石の中の希ガス量と比べて桁違いに少ないということは、地球ができた時に最初に放出された大気（１次大気）は、その後吹き払われてしまったことを示唆しているのです。ですから、現在の大気は地球ができた後に、地球内部から脱ガスされてできたもの（２次大気）ということになります。このことを指摘したのはシカゴ大学のブラウン博士で１９５０年頃のことでした。

では、地球の大気は地球内部からの脱ガスでできた2次大気であるとしても、地球形成初期にできたのでしょうか、それとも、火山ガスが現在でも各地で噴出していることから考えて地球の全歴史を通じてじわじわと出てきたのでしょうか。

この問題の解決でも希ガスの同位体科学が有力な手法となります。この研究を行ったのは、私の大学院時代の指導教官でもあった東京大学の小嶋稔先生です。

アイデアはこういうものです。大気にはアルゴン（Ar）が1％含まれています。アルゴンにはアルゴン36（^{36}Ar）。アルゴン38（^{38}Ar）、アルゴン40（^{40}Ar）の三つの同位体があります。このうち^{36}Arと^{38}Arは安定同位体で、^{40}Arは放射

希ガスとその同位体（質量数の異なる核種）

元素	質量数
He（ヘリウム）	3, 4
Ne（ネオン）	20, 21, 22
Ar（アルゴン）	36, 38, 40
Kr（クリプトン）	78, 80, 82, 83, 84, 86
Xe（キセノン）	124, 126, 128, 129, 130, 131, 132, 134, 136

性元素のカリウム40（^{40}K）の壊変によりつくられます。希ガスであるアルゴンはもともと大変少ないので、この放射壊変による^{40}Arが圧倒的に多く、大気中では^{36}Arの296倍もあります。ちなみに^{38}Arは一番少なく、^{36}Arの0・18倍しかありません。

この大気中の^{40}Arが^{36}Arの296倍であるということが大変重要なのです。というのは、先に述べたように^{40}Arは放射性元素の^{40}Kの壊変によりつくられるのですが、カリウムは固体の元素です。ですから、カリウムは大気中には存在せず、地球の岩石内部にしかありません。地球内部で^{40}Kは^{40}Arに変わります。実は、^{40}Arは太陽系初期にはほとんど存在しなかったこと

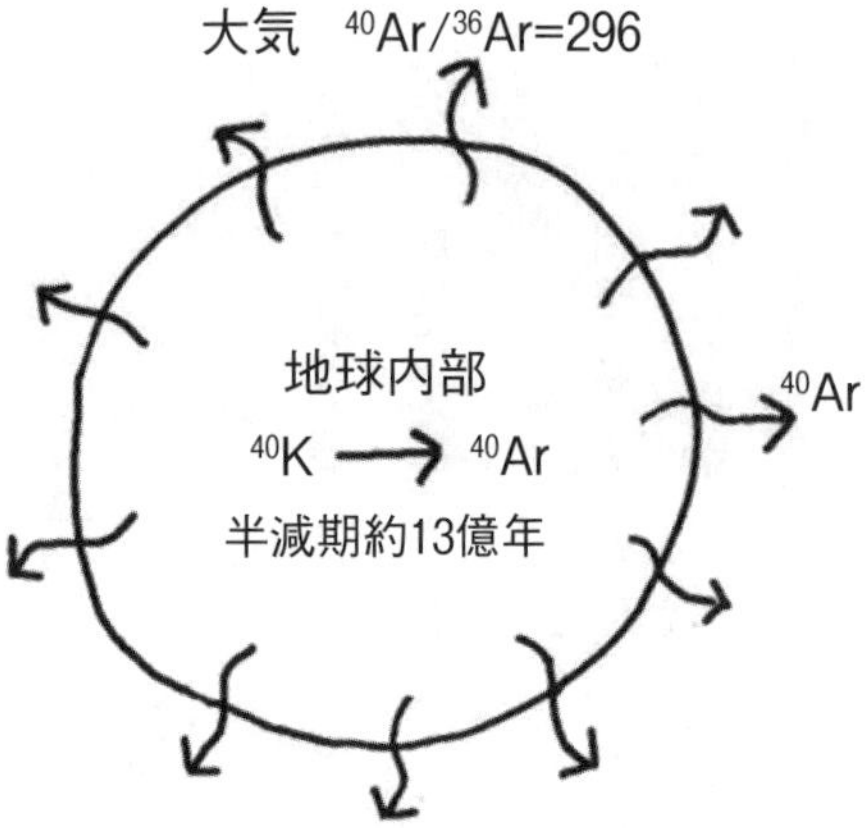

地球内部からの脱ガス

地球形成初期に脱ガスしたら、地球内部では^{40}Kから^{40}Arがまだたくさんできていないので、大気中の$^{40}Ar/^{36}Ar$比は低いはず

が隕石の研究からわかっています。ですから、大気中のアルゴンがほとんど^{40}Arであるということも、大気が地球内部からの脱ガスでできた2次大気であるということを示しています。

大気中の$^{40}Ar/^{36}Ar$比が２９６という値であることは、さらなる情報を与えてくれます。もし地球内部で^{40}Kが^{40}Arに十分壊変しないうちに地球内部から脱ガスすれば、大気中の^{40}Arはそんなに多くないはずです。逆に、地球内部で十分に^{40}Arに変わってから脱ガスすれば、大気中の$^{40}Ar/^{36}Ar$比は大変高くなるはずです。

大気中の$^{40}Ar/^{36}Ar$比が２９６ということから、どの時期に地球内部から^{40}Arが出てきたのかということを数値計算と比較して決定できるのです。

その結果は、地球の大気はゆっくりと地球内部から脱ガスしてできたのではなく、地球の形成初期に現在存在する量のほとんどが脱ガスして形成されたということになるのです。

8 地球の希ガス同位体内部構造と大阪モデル

先の節で述べたように、希ガスの存在量と同位体比は大気の起源について重要な情報を与えてくれるものです。また、上部マントルと下部マントルでストロンチウムや鉛などの同位体比に相違があることがわかってきたので（第3章「5　地球内部の元素の同位体比でわかること」を参照）、希ガスについてもその同位体比が地球内部でどうなっているのかは、興味深いところです。

そこで、まず希ガスであるヘリウムについて、その同位体比を眺めてみましょう。ヘリウムは一番軽い希ガスで、その同位体変動も大きくなります。

ウランからの放射壊変でα粒子であるヘリウム4（^{4}He）が出てきます。ヘリウムにはもう一つの同位体のヘリウム3（^{3}He）があります。それで、同位体比として通常$^{3}He/^{4}He$比を使います（普通は変化をしない安定同位体を分母にとるのが普通なのですが、ヘリウムだけ慣習的に安定同位体を分子にとります。それで、よく混乱の原因になります）。

地球の大気中の$^{3}He/^{4}He$比は1・4×10^{-6}の値で、^{4}Heが圧倒的（約100万倍）に多いのです。ところが、隕石には宇宙空間で宇宙線が照射されます。そうすると、鉄などの重い原子核が高速の宇宙線で破砕されて^{3}Heが大量につくられます。それで、隕石では$^{3}He/^{4}He$比が1になるようなものもあります。ですから、地球の大気と隕石では$^{3}He/^{4}He$比がまるで違う値になっています。

1970年代の中頃、アメリカの研究グループが大変重要な発見をしました。それは、海嶺などの深層水や火山岩で大気よりも高い$^{3}He/^{4}He$比を発見したのです。地球のマントル中にはウランがあり、ウランは放射壊変して^{4}Heを放出するので、ほとんどの研究者は、地球内部の$^{3}He/^{4}He$比は大気中の値よりも低いと思っていたのです。ですから、地球内部が大気よりも高い$^{3}He/^{4}He$比であることは大変な驚きだったのです。

最初は、宇宙塵（隕石と同じように宇宙線照射により^{3}Heがつくられ、高い$^{3}He/^{4}He$比を持ちます）などが海洋堆積物中に積もり、それがプレートと一緒にマントルに入り込んでいるという可能性も示唆されましたが、マントルに入り込むまでに熱で逃げてしまうことなどが証明されました。

それで、地球内部に始源的なヘリウムがあることが最終的にわかったのです。海嶺の火山岩は上部マントル起源ですが、地球内部にまだウランからの放射壊変などの影響を受けていないヘリウムが存在していたのです。上部マントルの$^3He/^4He$比は大気の値の約８～10倍の値でした。

その後、ホットスポット起源である海洋島の火山岩のヘリウム同位体比も測定されました。その測定された値は海嶺の火山岩よりももっと幅が大きく散らばるのですが、高いもので大気の値の30倍にも達するものもありました。

このことは一見ふしぎな気がします。なぜなら、前に述べたように上部マントルではイオン半径の大きいウランが欠乏しています。ですから、上部マントルにはウラン量が少なく、それから放射壊変でできる^4Heも少ないはずです。そのため、$^3He/^4He$比の分母に加わる量が小さいので、上部マントルの方がより高い$^3He/^4He$比になるはずです。ところが、実際の測定では逆になっているのです。

しかし、それはこう解釈することができます。上部マントルでは、確かにウランが欠乏しているのですが、それ以上にヘリウムがもっと欠乏しているのです。希ガスは気体元素ですから、上部マントルから大部分が逃げてしまっているのです。そのため、下部マントルと比べて上部マントルではウランからの^{4}Heの影響を受けて低い^{3}He/^{4}He比になっていると考えることができるのです。

ところが、実際の測定でヘリウムが上部マントルで欠乏しているかというと、そうではないのです。海嶺（上部マントル起源）と海洋島（下部マントル起源）の火山岩の希ガスの存在量を比較すると、ネオンからキセノンまでの希ガス存在量については、上部マントルと下部マントルであまり差がないのですが、ヘリウム存在量については、上部マントルの方が下部マントルよりむしろ多いのです。このことを、研究者は、「ヘリウムパラドックス」という言葉で呼んでいます。

たぶん、ヘリウムの拡散率（気体が広がっていく速さの割合）が大きいので、マグマができる時にマグマの方に大量に入ってくるからで、マグマが冷えて固まった火山岩中のヘリウム量は元のマントル自体のヘリウム量を表していないと考える研究者もいますが、本当のところはよくわかっていません。

次に、他の希ガスであるアルゴンの地球内部での^{40}Ar/^{36}Ar比はどうなっているのでしょうか。おそらく、脱ガスでアルゴンが少なくなっているところに、^{40}K

からの^{40}Arが加わっているはずなので、大気中よりもずっと$^{40}Ar/^{36}Ar$比が高くなっているはずです。実際、上部マントル起源と思われる海嶺の火山岩で$^{40}Ar/^{36}Ar$比が測定されていますが、この値が1万以上になるものが得られています。

さて、それではもっと深い下部マントルからくる海洋島の火山岩の$^{40}Ar/^{36}Ar$比はどうでしょうか。実はここに大変重要な情報が含まれているのです。というのは、もし$^{40}Ar/^{36}Ar$比が下部マントルで上部マントルと同じような高い値であれば、下部マントルからも脱ガスがあったことになりますし、大気の値と同じような値であれば、大気を形成した脱ガスは上部マントルだけに限られたことになります。

これについては、さまざまな議論がありました。実際の測定では、海洋島の火山岩の$^{40}Ar/^{36}Ar$比は、海嶺の火山岩よりも低いものが多いのです。大気と同じような値のものもあります。多くの研究者は下部マントルの$^{40}Ar/^{36}Ar$比は大気と同じ値であると思っていましたが、もっと高い値であると主張する研究グループもいました。

私は簡単な数学的データの組み合わせから、下部マントルの$^{40}Ar/^{36}Ar$比も上部マントルと同じ高い値であることを示しました。

地球化学の議論ではさまざまな成分の混合をグラフで表して論じるのですが、直線になったり、曲線になったりするのです。私はうまい具合に直線になる混合線の組み合わせを見つけました。その結果、下部マントルの低い値は、大気の混入が大きな影響を与えているからだということがわかったのです。

これらの新しい希ガスの同位体比データを使って、私たちの研究グループで地球の表層を、大気（＋地殻）、上部マントル、下部マントルと三つの層にわけ、プレート運動により物質が運ばれるという数値モデルを立て、上部マントルと下部マントルでどの程度の脱ガスが起こったのか数値計算しました。

その数値計算結果によれば、上部マントルからは99・8％、下部マントルからも87％もの脱ガスがあったことがわかりました。上部マントルはほぼ１００％に近い脱ガスですが、下部マントルからもかなりの脱ガスがあることがわかったのです。また、上部マントルと下部マントルのヘリウム同位体比（^{3}He/^{4}He比）は地球誕生の頃は同じ値であったものが、20億年ほどしてからそれぞれのマントルからの脱ガスにより値が異なるようになり、現在の上部マントル、下

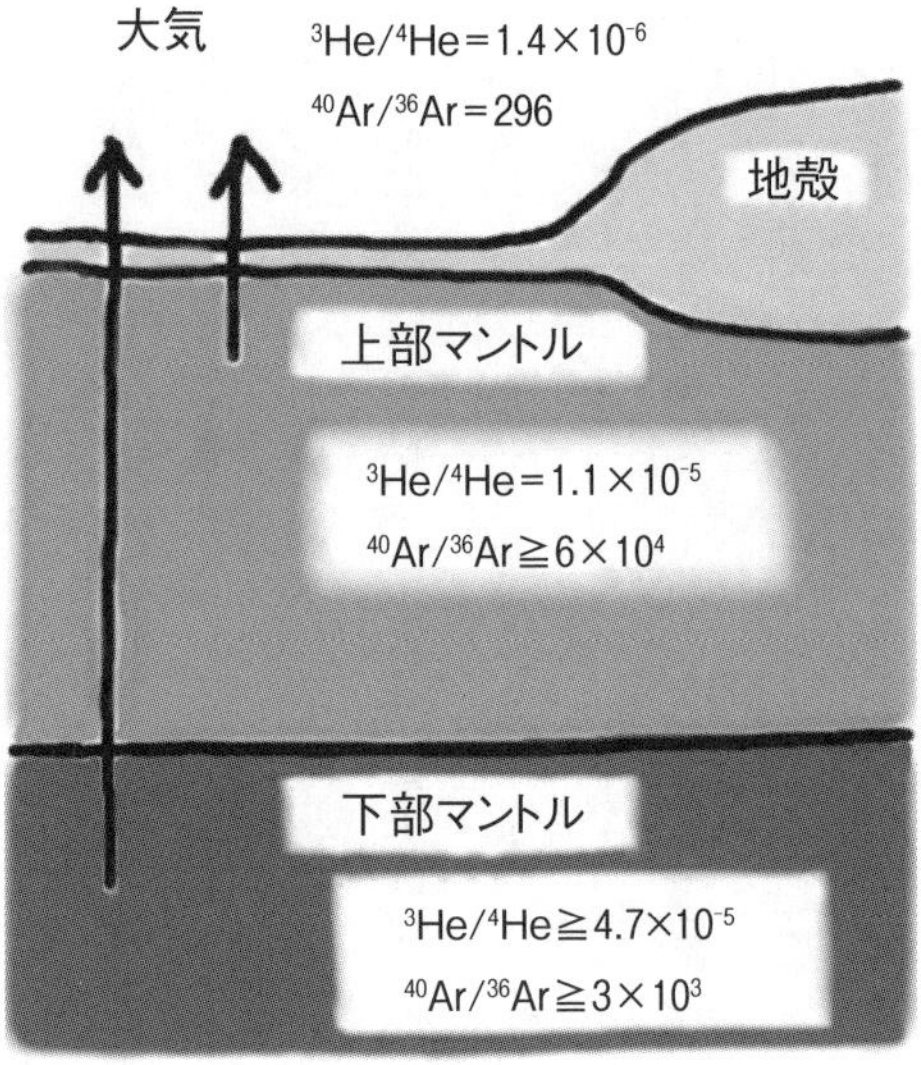

地球大気の大阪モデル
それぞれ示されたヘリウム、アルゴンの同位体比から、地球誕生からの変化が具体的にわかった

部マントルで得られるような値にまで変わっていったこともわかりました。

私たちの得た数値計算からは、大気中のアルゴンの同位体比である$^{40}Ar/^{36}Ar$比は、10億年前にはもうすでに現在の値である296に近い値にあり、ヘリウムの同位体比である$^3He/^4He$比は、1億年前から現在の値である1・4×10^{-6}になったことが示されました。

その後、琥珀などの古い化石などの試料を粉砕し、その中に含まれている当時の大気のヘリウムやアルゴンの同位体比も測定し、数値計算で得た地球の大気中のヘリウムとアルゴンの同位体比変化と比較することも行いました。化石からのデータは化石自体の放射性成分により少しずれるものの矛盾のない結果が得られました。

このような一連の地球の大気の進化モデルを、私たちは大阪大学の研究グループで研究を進めてきたので、大気の「大阪モデル」と呼んでいました。

大阪モデルの一番の特徴は、下部マントルでの$^{40}Ar/^{36}Ar$比は上部マントルと同じように高いこと、またそのデータを使い現在の大気、上部マントル、下部マントルの希ガス同位体比データに合致するように数値計算の結果、下部マントルからも大規模な脱ガスがあったことを示したこと、また、大気中のヘリウム、アルゴンの同位体比が、地球誕生からどのように時間的に変化してきたかを具体的に提示したことにあります。

9 地球の「失われたキセノン」問題

さて、このような希ガス同位体による大気の研究の中で、未解決の問題がいくつか残っています。

最大のなぞと言われているのが、「失われたキセノン」と呼ばれている問題です。実は、地球の大気中のキセノンが、隕石中の他の希ガスの存在度と比較して、非常に少ないのです。前に述べたように、地球の希ガス量は隕石中の希ガス量と比べて全体的に少ないのですが、キセノンだけが特に少なくなっています。他の希ガスと比較すると、キセノンは現在地球にある量の20倍あるはずなのです。地球大気のキセノン量があるべき量の20分の1というわけで、大部分のキセノンが地球のどこかに隠されているはずです。これが失われたキセノン問題なのですが、地球のどこに隠れているのかがわかっていないのです。

堆積岩に閉じ込められているのではないかと考えた人もいます。希ガスは化学反応しないので、物理的な反応を考える必要があります。頁岩《けつがん》（水中で堆積した粘土のような岩石）などの堆積岩は吸着能力が高く、また希ガスの中でも一番大きい元素であるキセノンは特に吸着能力が高いので、堆積岩に吸着されているのではと考えたのです。しかし、測定された頁岩のキセノン量は失われた量を十分に説明することができませんでした。

私たちは、深海底のケイ酸質の微化石がアモルファスシリカ（非結晶シリカ）であり、希ガスを吸着する能力に長けているのではないかと考えました。ちょうどその頃、温泉などの熱水地域でアモルファスシリカに含まれるキセノンを調べていたのですが、キセノンがアモルファスシリカにしっかりと捕えられていて、その含有量が温泉の温度と関係していることを見つけていたのです。温泉の温度が上がると含有量が減るという負の関係です。アルゴンやクリプトンにはそのような関係はありませんでした。

それで、深海底のケイ酸質の微化石もアモルファスシリカのようなものなので、そこにしっかりとキセノンが捕獲されているに違いないと考えたのです。地球の表面の約70％は海で、堆積物はふんだんにあります。またキセノンをしっかり捕獲した深海堆積物が、沈み込み境界などでマントルの中に沈み込むということになれば、失われたキセノンの問題を解決できるのではないかと考えたのです。

そこで深海堆積物のケイ酸質の微化石の温度を順に上げていき、どのように希ガスが脱ガスされていくかを調べました。化学吸着というのは、化学反応などでしっかりと吸着されているのですが、物理吸着というのは、単に分子間力（ファンデルワールス力）で弱く吸着しているだけなので、通常は少し温度を上げるとすぐに気体は離れてしまいます。実際、クリプトンより軽い希ガスは低温で離れてしまいました。しかし、キセノンは吸着能力が高く、かなり高温まで保持されることがわかりました。しかし、全地球にある堆積物中のアモルファスシリカの量から定量的な計算をしてみると、残念ながら隠れているキセノンの5～20％程度にしかならないことがわかりました。

私たちは南極の氷に閉じ込められている可能性も考えました。結晶構造的に氷の中にキセノンが閉じ込められている可能性があったのです。運よく南極の氷が手に入る機会があったので、その南極の氷を溶かしてキセノン量を測定しました。しかし、南極の氷にキセノンは全然入っていませんでした。また、南極の氷はきれいだと思ってした。

南極の氷には
キセノンでなく僕の毛
しか入ってないよ！

いたら、南極大陸の昭和基地の近くの氷だったのか、解けた後にガソリンを燃やした煤のようなものがあったり、ペンギンかアザラシかわからない動物の毛が入っていたりして驚きました。

南極の氷は雪の積もったものが押し固まったもので、気泡がたくさん入っています。それで、オンザロックなどにすると、氷が解けるにつれてぱちぱちと気泡がはじける音がして心地良いということで有名でした。しかし、この氷の汚さではオンザロックどころではないなと思いました。私たちは実験後に残った南極の氷でオンザロックを飲むのを楽しみにしていたのですが断念しました。

また、この失われたキセノン問題に関して、地球内部の核の高圧下でキセノンが固体となって鉄と化合物をつくる可能性があるということも示唆されていました。もし、事実ならこれは大変面白い問題です。それで、高圧実験をしている研究者と共同して、高圧下（10万気圧まで）での鉄中の希ガスの溶解度の実験などもしました。高温高圧下で鉄とケイ酸塩を溶融分離させ、その中の希ガス量を測定したのです。現在の地球の核での圧力には全然達していませんが、地球の形成初期に地球内部で鉄が溶融分離し沈降して核をつくった状況を再現したようなものです。その結果、すべての希ガスについて、圧力が高くなるとよりむしろ鉄の方に入りにくくなるという面白い結果が得られました。

しかし結局、キセノンは高圧下でも鉄に入らないことがわかりました。私たちもいろいろと試みましたが、「失われたキセノン」の問題は今でもなぞのまま残っています。

10 地球の希ガス研究におけるネオンのなぞ

さて、もう一つのなぞは、ネオンです。ネオンには、ネオン20（^{20}Ne）、ネオン21（^{21}Ne）、ネオン22（^{22}Ne）の三つの同位体があります。

ネオンの同位体比は、^{21}Ne/^{22}Ne比を横軸に^{20}Ne/^{22}Ne比を縦軸にとって議論しますが、この図上で代表的な三つの成分があります。それは隕石に特有の成分、太陽風に特有の成分、そして宇宙線照射によってできる成分です。3番目の宇宙線照射による成分とは、宇宙線による元素の原子核の破砕反応（高速のエネルギー粒子である宇宙線により原子核が壊される反応）によりできるものです。宇宙線は高いエネルギーを持っているので、ネオンの三つの同位体がほとんど等量ずつでき、$^{21}Ne/^{22}Ne$比と$^{20}Ne/^{22}Ne$比は、ほぼ1に近い値になります。

　太陽風のネオンの同位体比と隕石の値が違うのもふしぎなことなのですが、隕石のネオンの同位体比は、実は「プレソーラーグレイン」と呼ばれる太陽系形成の時に起こる同位体比の均質化をまぬがれた物質のものであることがわかっています。プレソーラーグレインにはいくつかの種類がありますが、このネオンの成分が入っているのはダイヤモンドで、100万分の1㎜の桁のサイズの大変小さな粒子です。これについても前に述べた年代と同様に、詳細は宇宙

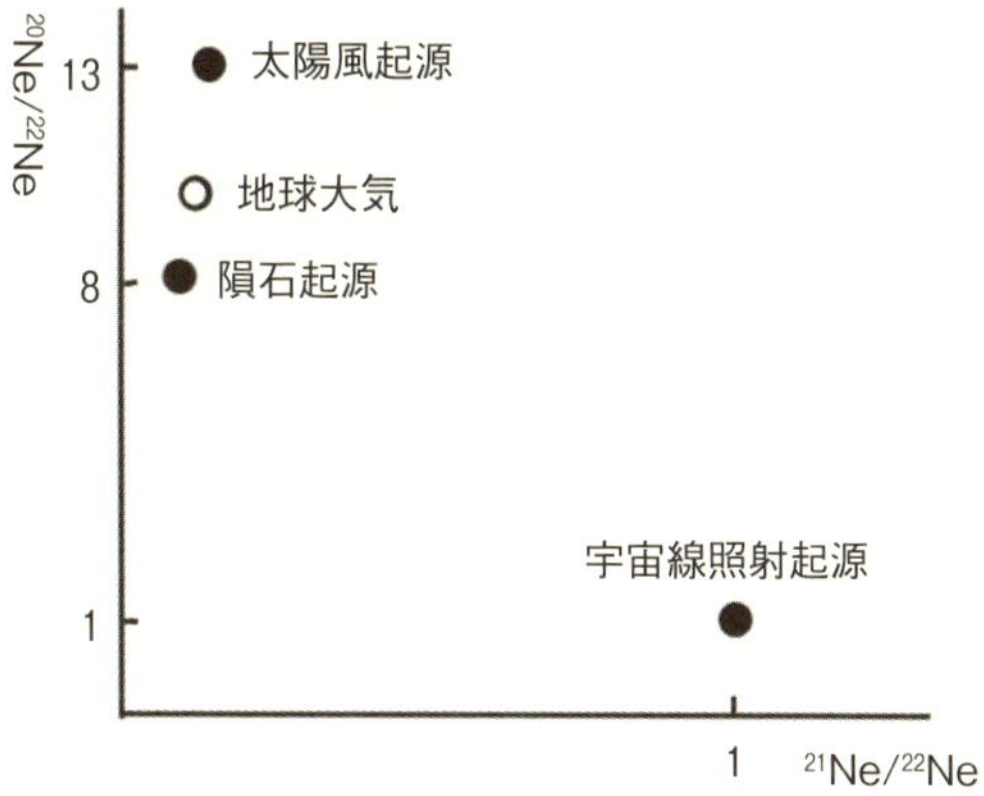

ネオン（Ne）同位体比の各成分で、●は太陽系における代表的なもの

惑星科学の分野に入るので、ここではこれ以上踏み込みません。

さて、地球の大気のネオン同位体比の値と、これらの代表的なネオンの成分を比べてみましょう。太陽風や隕石の成分と同じ値になっても良いのですが、データ点は違うところになるのです。この違いがどうして生じたのかよくわかっていません。たぶん太陽風からの質量分別効果（質量の差によって起こる効果）によるものと思われます。

私たちの大阪モデルでは、大気とマントル中での、ヘリウムとアルゴンの元素量と同位体比をもとに数値計算を行っています。それによれば、地球内部から初期に脱ガスされた大気中のネオンの量は、現在の大気のネオン量と比べて、かなり大量（50~90倍）になります。それで、私たちは、地球がまだ温かかった頃に、大気からネオンが大量に宇宙空間に逃げて、その時の同位体効果（軽い同位体が選択的に逃げやすい）で同位体比が変化したと考えています。

ネオンについてはもう一つふしぎなことがあり、地球上の物質で他の希ガスと比べてネオンだけが濃縮して入っているような物質があります。それは黒曜石のようなシリカガラス物質なのですが、隕石が地球に落下してきた時に地球の物質が融けて急冷してできたようなガラス物質（テクタイトや衝撃ガラス）にも濃縮しています。それらの物質にネオンの濃縮を見つけたのも私たちの研究グループなのですが、そのネオン濃縮のメカニズムについては未だよくわかっていません。

ヘリウムは小さいのでシリカガラスなどを簡単に透過することがわかっています。ネオンはヘリウムよりは大きく、シリカガラスの構造の間隙と比べてどうも微妙な大きさのようなのです。それで、なんらかの機構でシリカガラス中に入りやすいのですが、入った後は物質から出にくいようなのです。ガラス物質であるテクタイトを高温で真空状態に置き、ネオンをいったん脱ガスさせた後に、室温で大気中に置くと数週間のうちにはネオンがテクタイト中に入って飽和することがわかっています。この試料を温めるのではなくただ粉砕するだけでネオンが出てくるので、ガラス物質の気泡の中に入っていることは間違いありません。ガラス物質へのネオン濃縮を解明するためには、ネオンの取り込み機構をさらに明らかにすることが必要です。

イースター島のディスコ

神戸大学理学部地球科学科の海洋科学研究室の助手になった頃、研究室の安川克己教授が南太平洋の島の地磁気調査をされることになり、それに参加しました。約35年も前のことです。

キリバス共和国とイースター島に行きました。南太平洋の島々は、ほとんどがホットスポット起源ですが、島全体の磁化方向から島ができた時の位置を特定しようとするのが調査の目的でした。

キリバス共和国というのは、日本ではあまり知られていない国ですが、典型的な南洋の島々からなっています。多くの島はサンゴの環礁になっていて、内海はサンゴのかけらで埋まった浅い海になっています。環礁というのは本当に輪ゴムのような形で、そこにヤシの木が生えています。ところどころその輪が切れているようなところもありますが、歩いても渡れます。環礁の外側は断崖絶壁で深い海が広がっています。人々はプライバシーなどまったくない感じで、外からも丸見えの風通しの良い家に住んでいました。その内海をモーターボートで走りまわり、島全体の磁化測定をしました。

それから、イースター島に行きましたが、調査隊の人数も多く滞在も長期になるので、民間の方の家を一軒借り上げることになりました。その家は大家族でおじいさんが家長として君臨しており、絶大な力を持っているようでした。おじいさんは、私たちがはるばる日本からやってきた大学の調査隊ということで、丁重にもてなしてくれました。

その家に20歳前後の若い娘がいました。ある時、なぜかもじもじとしていて何か言いたそうです。聞いてみると、イースター島にディスコができたとか。そこに行きたいのだが、おじいさんの許しが出ないとのことです。我々も一緒に行くということになれば、おじいさんは許してくれるだろうから、一緒に行ってくれないかということでした。

私自身は日本でもディスコなどに行ったことがありませんでした。しかし、その娘さんがあまりに真剣に頼むので、他の学生も一緒に行ってあげることになりました。おじいさんは、私たちが行くならと許可してくれました。

行ったディスコは、閑散としたところで、広いホールに客は我々だけでした。飾りといっても提灯をつないだようなロープが何本か張られているだけです。こんなディスコになぜきたかったのだろうと思っていると、やがて彼女のボーイフレンドが現れました。どうも私たちは、だしに使われたようです。もちろん、夜遅くならないように彼女を連れて帰り、おじいさんも安心していました。娘さんも満足そうでした。それにしても、私がディスコに行ったのは後にも先にもこのイースター島のディスコだけです。

イースター島では、山から切り出して運んでいる途中でそのままにしているモアイや、山の斜面にまさに掘りかけで製作中のモアイもあります。イースター島では、島からある日、島民が全員消えたという伝説があるのですが、そう考えるのも無理のない気がしました。また、昔は結婚前の娘は一年間洞窟に入れて日を当てないで色を白くしてから結婚させたという話も聞きました。その洞窟に案内されましたが、じめじめしたような暗い場所です。こんなところに閉じ込められたら花嫁は結婚前に病気になってしまいそうでした。

大阪の万国博覧会にきたという土産用のモアイを彫っている人にも会いました。日本の人間国宝に当たるような人らしいのですが、彼が彫っているところを私がじっと見ていると、

「彫ってみるか？」

と言うので、彫らせてもらいました。気泡の多い軽石のような岩石で割りと彫りやすかったことを憶えています。楽しい思い出ですが、誰かがそのモアイをイースター島のお土産に買ったとしたら悪いことをしたなあと後から思いました。イースター島の人間国宝が彫ったと思っているのに、その一部を日本人が彫っていたとはきっと夢にも思わないでしょう。

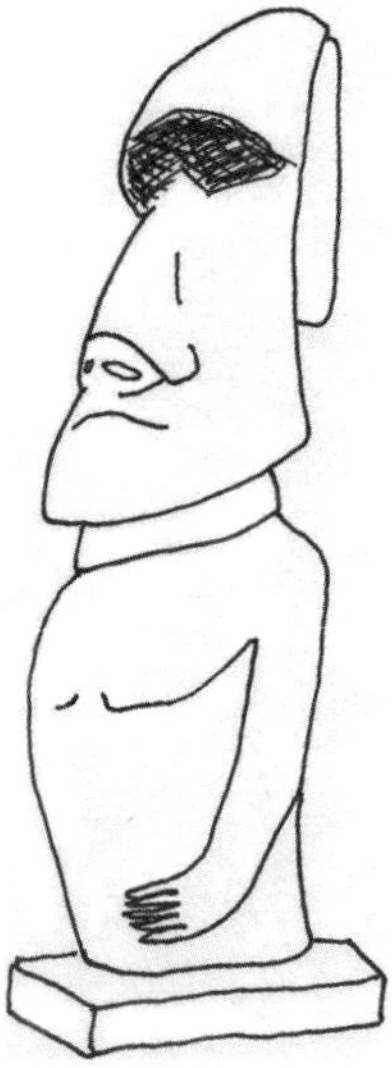

第4章

自転と公転に関係するふしぎ

1 季節が生じるわけ

地球上で季節が生じるのはどうしてでしょう。これは、地球が太陽の周りを回る公転軌道面の直角方向から、地球の自転軸が少し傾いたまま、地球が太陽の周りを回っているからです。地球の自転軸の方向は宇宙の中で一定で、その北方向は北極星のある方向です。もしあなたが地球の北極点にいれば、北極星は天頂（天の真上の点）に見えて、他の天空の星はその周りを一日かけて回ることになります。星が回って見えるのは地球が自転しているからです。地球の周りの天空（「天球」と呼びます）には球状のすべての方向に星がありますが、北極点で見えるのは天球の北半分の星だけです。

もしあなたが南極点にいれば、北極星は見えず、北極星と反対側のある天球の南の点を中心にして回る星が見えることになります。この時は北極星とは反対側である天球の南半分の星しか見えません。

北極点から赤道の方に移動すると、北極星は天頂からだんだんと低い（水平

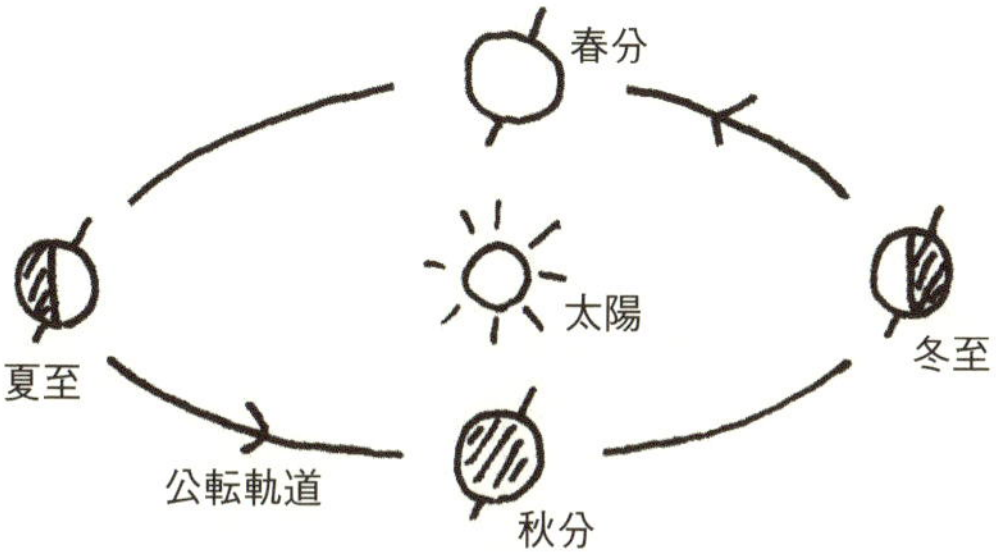

北極側から見た地球の公転と北半球での季節

線に向かう）位置になります。それにつれて天球の南半分の方にある星も次々と見えてきますが、なかなか見えてこない星もあります。例えば、北半球にある日本の緯度では南十字星が見えません。また、昼には星が見えないので、夏と冬で見える星が違ってきます。地球から見て太陽側の天球にある星は、昼間にその方向にあるので見えないのです。それで、夏の星座、冬の星座というように季節に代表的な星座の名前がつけられています。もちろん、北極星のすぐ近くの星は年中見ることができます。日本の緯度だと、北斗七星やカシオペア座などで、これらは「周極星」と呼ばれています。

赤道に達すると、北極星は真北の水平線上に見えます。やはり天球の星は北極星の周りを回ることになるので、星は水平線から上の半円上を動くことになります。この時は、北を見れば北極星のある側の北半分の天空の星です。南側を見ればやはり水平線の真南を中心に南半分の天空の星が回ることになります。ですから、赤道にいれば、天球全部の星を見ることができますが、やはり昼間には星が見えないので、夏と冬で見える星が違ってきます。

地球の自転軸の傾きは地球の公転面と直角の方向から23・4度です。もし自転軸が公転面と完全に直角だったら、季節がなくなります。また、この時、北極点あるいは南極点にいれば、太陽はいつも水平線上を回ることになります。赤道にいれば、太陽が真東から直角に昇り、お昼には天空の直上にあり、また直角に真南に沈むことになります。北半球では太陽は真東から昇りますが、直角ではなく角度を持って南側に上がります。この角度は北半球の緯度が高くなればなるほど小さくなり、北極に至ると太陽は水平線上を回ることになります。お昼に太陽が真南になり、一番高い位置にある時（南中）の太陽の南中高度は、90度から緯度（北緯）を引いた角度です。北極点は緯度が90度ですから、南中の時の角度はゼロになるのです。もし、南半球にいれば、真東から上がった太陽は北側の空を通ることになります。そして、お昼に太陽が一番高いところに

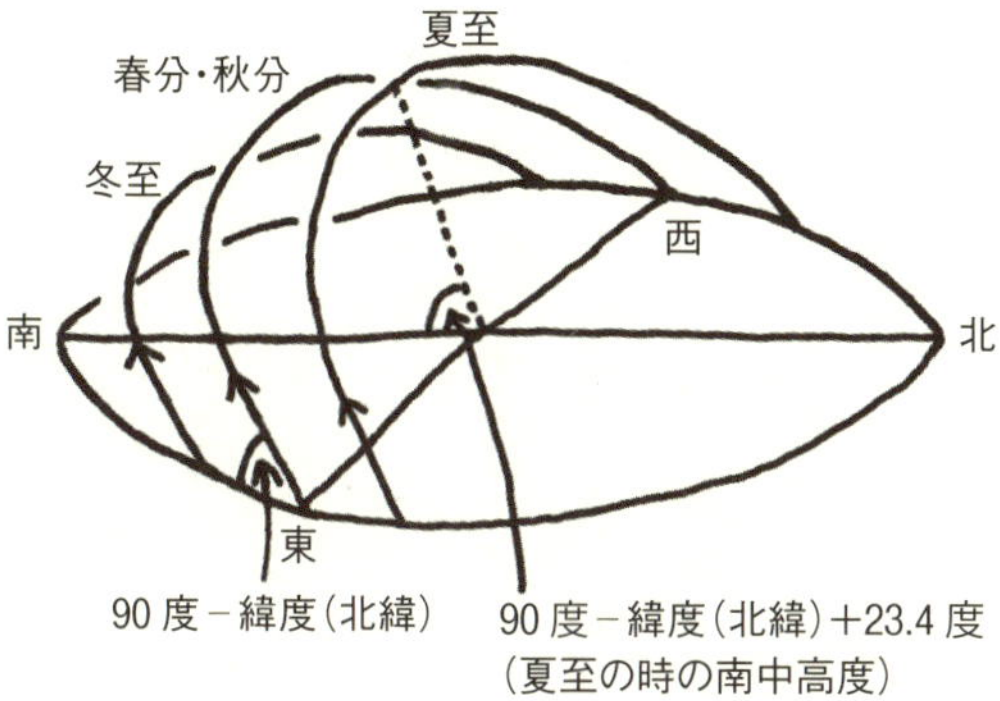

北半球における太陽の動き

ある時の太陽の高度は、90度から緯度（南緯）を引いた角度です。ですから、南半球では、お昼に太陽のある方向は南ではなく北にあることになるので、南中ならぬ北中ということになります。

　地球の自転軸が23・4度傾いている時、太陽が、どのような位置からどのような角度で昇るかというのは、実は結構複雑です。３次元で角度の足し引きを考えないといけないからです。地球の公転軌道で地球の自転軸の北側が太陽の方向を向いている位置になる時、北半球では夏至になります。北半球にいれば、昼間すなわち太陽の当たっている側にある時間が長くなります。太陽の上がる位置は真東ではなく北側にずれたところから昇り、南中高度が高くなります。また、太陽が見える時間が長くなります。

太陽の南中高度は90度から緯度（北緯）を引き23・４度を加えるという計算になります。ちなみに、北緯23・４度にいれば夏至の時の南中では、太陽高度は90度になり天頂にあることになります。北緯23・４度は「北回帰線」と呼ばれます。南緯23・４度は「南回帰線」で、南半球の夏至（すなわち北半球での冬至）の時に太陽高度が90度、つまり真上ということになります。

また自転軸が23・４度傾いていますから、北極点から23・４度までの位置、すなわち北緯にして66・６度より北の地域では夏の間ずっと太陽が見えることになる地域があります。これが白夜です。その地域でも緯度が高くなるほど、白夜の時期は長くなります。また、太陽が地平線より少し沈んでいても真っ暗ではなく結構明るいので、これも含めて白夜というようです。

ちょうど北緯66・６度では、計算上では夏至の時だけが太陽が沈まない白夜になります。真北の地平線から太陽は少しずつ高く上がり、南中の高度は前述の式から46・8度になります。この夏至の時には、北極点では太陽はいつも23・4度の高度を保って回ることになるのです。

太陽の昇る位置が真東になるのは、春分と秋分の時で、この時は昼間と夜間の時間は同じです。北半球では、春分と秋分の時の太陽の南中高度は、90度から緯度（北緯）を引いた角度になります。

北半球の冬至の時は昼の時間が短くなり、太陽は真東ではなく南側にずれたところから上ります。南中高度も低く、90度から緯度（北緯）と23・4度を引いた角度です。

このように地球の自転軸が傾いているために、季節が生じ、北半球と南半球では季節が逆になります。

2 日付変更線のふしぎ

地球は西から東の方向に自転しているので、地球上にいる私たちは太陽が東から昇り西に沈むのを見ることになります。「1太陽日」は天球で太陽がある位置からその位置に戻るまでの時間で、太陽に対して地球が1回転する時間です。この1太陽日を24等分して、太陽が南中するのを昼の12時とするのが「太陽時」です。地球の同じ経度の子午線上にいれば、正中（北半球での南中は南半球では北中ということになるので、南中と北中を合わせて「正中」と呼びます）する時間は同じですが、経度が違えば正中の時間が違うので、異なる太陽時を持つことになります。地球1周の角度である３６０度を24時で割り算すると、１時間当たり15度になりますから、経度が15度違うと太陽時が1時間違うということになります。

地球上の子午線の経度は、イギリスのロンドン郊外にあるグリニッジ天文台を通っている子午線を経度０度として、東西に１８０度の目盛をつけたものです。それで、グリニッジ天文台のある経度０度の太陽時（「グリニッジ標準時」と呼ばれます）を基準にして、全地球上で同じ時計を使うこともできます。

しかし、地球上のすべての場所でこのグリニッジ標準時を使うのは大変不便です。というのは、ロンドンで真夜中の0時に日付が変わる時、地球上の他の地域では、日中に日付（曜日も！）が変わるということが出てきます。例えば、グリニッジ標準時で日付が変わる真夜中の0時は、日本とは時差が9時間あるので、今使用している日本の時計では午前9時なのですが、グリニッジ標準時を使うとこの時に日付も曜日も変わるということになります。これでは、学校や仕事が始まる朝に日付も曜日も変わるということになり大変不便です。太陽が日中で一番高い高度にある時刻がだいたい正午というのが、その地域の日常生活に便利なのです。

それで、国あるいは地域で、ある子午線の太陽時を使うことにしていて、それを「標準時」と呼びます。これにより、どの地域でも真夜中頃に日付が変わり、お昼の12時頃に太陽が一番高い位置にあるのです。

日本では、兵庫県明石市を通る東経135度の太陽時を標準時としています。東経135度の子午線は「日本標準時子午線」と呼ばれます。このちょうど東経135度の上に明石市立天文科学館が建っています（明石市立天文科学館の南側を東西に走る阪神高速道路上にも東経135度の大きな看板があり、車で通過する時にわかります）。

ですから、日本では正午にこの明石市で太陽が南中することになります。東京駅は東経139・8度にあるので、南中は20分ほど早い時刻になります。これは日の出についても同じです。大阪から東京に行くと、朝明るくなるのも日が暮れるのも早いなあと感じることになります。

日本のような狭い国では標準時は一つで、日本ではどこでも同じ時刻なのですが、東西に広い国ではいくつかの標準時を持っています。例えば、アメリカの東海岸地域の「東海岸標準時」と西海岸地域の「太平洋標準時」では、時差が3時間もあります。ですから、同じ国内でも移動すると、そこでの標準時に時計を合わせる必要があります。

さて、このように各地域でそれぞれの標準時を決めて、太陽の南中する時刻がだいたい正午で、真夜中に日付が変わるようにすると、日常生活は便利なのですが、面白いことが起こります。

例えば、今イギリスで1月1日の深夜0時（ちょうど元旦になる時刻です）だとします。イギリスから東周りに計算すると、日本では東経１３５度の標準時を使っていますから、1時間あたりの角度15度で割ると、９時間分（１３５÷15）時間が進んでいることになるので、９時間分を足して1月1日の午前9時ということになります。これは東周りでの計算です。これを西周りに計算してみます。日本はイギリスから２２５度分（３６０マイナス１３５）離れていることになり、15時間分（２２５÷15）時間が遅れていることになります。それで、引き算すると日本での時刻は12月31日の午前9時ということになります。東回りでの計算と日付が1日分ずれてしまうのです。

これは、次のようなことを考えても良いかもしれません。地球上のある場所で今、太陽が南中しているとします。その場所での時刻は正午です。そこからあなたが太陽の動きと同じ速度で西に移動するとします。そうすると、太陽はいつも頭上にあり南中しているので、時刻はずっと正午のままです。それで地球を一周して元の場所に戻ってきたとします。そうすると時計はずっと同じ正午のままですが、太陽は地球の周りを一周したので、1日経っているはずです。ですからあなたはどこかで時計上の日付を1日進ませなくてはいけません。また、これとは逆に南中時に太陽と同じ速度で東に移動していったとします。そうすると太陽は2倍の速度であなたから遠ざかっていき、ちょうど地球の反対側で南中する太陽に出くわします。そして、太陽はそのまま2倍の速度であなたから遠ざかっていき、元の場所で再び南中することになります。南中が2回あったことになるので、時計上は2日経過したことになります。しかし、あなたは自転と同じ速度で丸1日分移動しただけですから、1日しか経っていないはずです。この場合は時計から1日分差し引かなくてはなりません。

そこで、ある子午線を西から東に越える時には1日遅らせ、東から西に越える時には1日進ませるようにしました。これが「日付変更線」で、東経（西経）180度の子午線におおよそ設定しました。この180度の子午線は太平洋のほぼ真ん中を通っているのですが、北の方ではアラスカを通ります。日付変更線が陸上にあると生活に問題を生じますから（その線をまたぐだけで日付と曜日が変わります！）、そこでは海を通るように設定されています。

日本からアメリカに旅行する時は日付変更線を通るので、時差の調整に加えて、日付を1日遅らせます。1日分の時間を得したような気分になります。

学校に
遅れるわよ！
これを越えると
日曜日だから
学校は休みだ！
東
西
日付変更線

もし日付変更線が陸上にあったら、月曜日には

しかし、帰ってくる時は1日進ませなければならないので、損したような気分になります。

ジュール・ヴェルヌの『80日間世界一周』という冒険小説にこの日付変更線が出てきます。この小説は1872年作で、舞台はイギリスのヴィクトリア朝時代です。ロンドンにいる主人公が80日間で世界一周をするという全財産を賭けた勝負をします。うまくいくと思っていたところ、途中のアクシデントで予定していた日数より到着が1日遅れてしまいます。全財産を失うことになった主人公と執事は意気消沈します。ところが、主人公は東回りで日付変更線を越えていたので旅行日数から1日引かなければならないことに気づき、賭けに勝つという話です。

この小説は1956年に映画化されましたが、最優秀作品賞などアカデミー賞を5個も受賞しました。あの有名なフランク・シナトラが酒場のピアノ弾きのちょい役で出演したりもしています。ヴィクター・ヤングの音楽も素敵で、よくテレビなどでも使われたりしているので、聴いたことがある人も多いはずです。

3 時計の針はなぜ右回り？

一般の時計は針が右回りです。いつだったか、針が左回りする時計を見たことがあります。友人の時計で、ある時どうしてそうなったのかはわからないけど左回りするようになったということでした。面白いのでそのまま使っていると話していましたが、ふしぎなこともあるものです。もちろん、数字は右回りに打ってあるままです。

最初から左回りに数字が打ってあり、針も左回りするような時計を売っているのは見たことがありません。私などは時刻がぴったり合わないと気持ちが悪いので、腕時計も電波時計です。しかし、女性にとって時計はアクセサリーの一部なので、時間など合わなくても良いというのを家内から聞いて驚いたことがあります。それなら、針が左回りの時計など大変おしゃれで素敵だと思うのですが、それは受け入れられないようです。

実は、なぜ時計の針が右回りかというと、これは時計の起源に関係しているのです。

時間は太陽の位置に関係していて一番原始的な時計は日時計です。棒を立てて置くと、朝に太陽が東にある時は棒の影が西側に伸びます。お昼になると太陽は南側にあるので北側に短い影になり、夕方に太陽は西に沈むので、影は東側に長く伸びます。このように、棒の影は、西、北、東と右回りに回っていくことになります。ですから、最初に時計ができた時も、時計の針を右回りに動くようにしたと考えられるのです。

この太陽の影の動きは北半球でのことです。北半球にある日本に住んでいる私たちは、日中に方角がわからなくなったら、太陽を見て、お昼なら太陽のある方角が南だと判断します（ちなみに、お寺の門は多くが南を向いているので、方角がわからなくなった時の参考になるという人もいます）。

しかし、前節に書いたように、南半球ではお昼に太陽のある方角は北なのです。北半球では、太陽は東から昇り、北側を通り、西に沈むのです。南半球では、日中太陽は北側にあるので、日時計の棒の影は南側にできます。ですから、南半球では、日時計の針の影は西から南そして東へと動くことになります。す

2進法	0, 1, 10, 11, 100, 101, 110, 111, 1000… 2個の数字記号で表現
10進法	0, 1, 2, 3, 4, 5, 6, 7, 8, 9, 10, 11, 12, 13, 14, 15, 16, 17, 18, 19, 20, 21, 22… 10個の数字記号で表現
12進法	0, 1, 2, 3, 4, 5, 6, 7, 8, 9, A, B, 10, 11, 12, 13, 14, 15, 16, 17, 18, 19, 1A, 1B, 20, 21, 22… 12個の数字記号で表現

使っている数字記号を使い終わると、その次から位が変わっていき、その数字記号の数で何進法かが決まる

なわち、影は左回りになるのです。

このように、時計は北半球で発明されたので右回りになりましたが、もし、南半球で発明されていたら、左まわりになったということが十分考えられるのです。

実は大陸の占める面積は北半球の方が南半球よりもずっと大きいのです。そういえば、四大文明のエジプト文明、メソポタミア文明、インダス文明、黄河文明などすべてが北半球での文明でした。もし、南半球のアンデス文明などで時計が発明されていたら針は左回りになったと考えられます。

ところで、時計の文字盤が10時まででなく12時まであるのをふしぎに思ったことはないでしょうか。12まで数えると新たな数

字になるので、これは10進法でなく、12進法が使われているということです。人間は物を数えるのに指を使い、指の数は10本であることから、数はだいたいが10進法になっています。長さや重さの単位も10進法です。12進法になっているものはむしろ珍しいのです。

実は、これは地球を回る月の運行に関係しています。月は約30日で満月から元の満月へと戻り、それが12回繰り返されて季節が戻る（1年が経過）のです。ですから、暦の月は1月から12月まであり、やはり10進法でなく12進法で、古代から暦では12進法が使われています。

このように、暦が12進法であることから、時間も12進法にしたと考えられるのです。

また、円の分割に関係しているという意見もあります。円を分割するのに10に分割するのは難しく、12に分割する方が便利だからです。例えば、円周を半径の長さのコンパスで切っていけば、きれいに6等分できます。その各部分をさらに半分にすれば12等分になります。このようにコンパス一つで円を12分割することが可能ですが、10分割にはできません。

また、円の角度は３６０度という風に決められていますが、これも暦に関係しています。つまり、太陽を一周するのに30日×12月で３６０日となります（現在では1年は３６５日であることがわかっていますが、昔は３６０日だと思ったようです）。このことから、角度の３６０度というのも星の運行に関係して決められたものなのです。角度の1度というのは、太陽の周りを地球が回る1日分の角度ということになります。

4 コリオリの力と台風の渦

北半球と南半球で回転が逆になるのは、日時計の影だけではありません。「コリオリの力」というものがありますが、これも北半球と南半球で逆になります。フーコーというフランス人が、もし地球が自転しているなら、振り子は北半球では右回りに回っていくはずだと主張しました。そして、１８５1年にフランスのパンテオン（パリの5区にあり大ドームと円柱がある建物）で実験したところ、そのとおりになり、地球が自転していることの証明になりました。このフーコーの振り子は南半球では逆の左回りになります。

実際には振り子のおもりを回転させるような力は働いていないのですが、地球と一緒に回転する私たちには、そのようなみかけの力が生じることになるのです。これがコリオリの力です。1835年にフランス人科学者であるコリオリが、回転する座標ではこのようなみかけの力が生じることを示したのです。このような見かけの力を「慣性力」と呼びます。例えば遠心力も慣性力の一つで、回転すると中心とは逆方向の外向きの力を受けます。コリオリの力は北半球では右向きの力、南半球では左向きの力になります。

このコリオリの力に関係して、よく台風の渦の向きのことが書いてあります。北半球と南半球では台風の渦の向きが右左反対になっているのは、コリオリの力のためです。北半球では台風の渦の向きは左巻き（反時計方向に中心に向かう）のですが、これは、コリオリの力で右に力を受けながら、風が中心に向かっていくからで、右の方に回り込みながら、中心に向かうからです。台風の渦の巻き方は南半球では逆になります。

排水口で水が流れる時も渦の向きが逆になることが考えられます。アフリカで赤道をまたいで南北に移動し、南半球と北半球でこの排水時の渦が逆になるのを実験して見世物にしているそうです。コリオリの力という一般の人にはあまり馴染みのない力についての科学実験ショーなのですが、結構興味を持たれるようです。ところが、この排水口におけるコリオリの力の効果は小さくて、赤道をまたいだほどの距離では出ないのです。排水口などで水が流れる時の渦の向きは、コリオリの力よりも排水口やシンクの形状などの方に影響されるようです。アフリカの赤道での見世物も、コリオリの力というよりもトリックによるもののようです。

ところで、この渦の話には、私はいつも混乱します。というのは、渦の巻き方の向きは、中心から外側を見た場合と外側から中心を見た場合で逆になるからです。一般には中心から外側を見た時の巻き方を渦の巻き方とします。また、同じ中心から外側への渦の巻き方でも、渦を裏側から見ると逆になります（蚊取り線香などを裏側から見るとよくわかります）。

テレビや本などで静止した台風の写真では、中心から外側への向きを見ると、これは右巻き（時計回り）になります。ただ、台風では外側から風が中心に向かいますから、その風の運動を考慮して外側から中心の方向で見ると左巻き（反時計回り）になります。本には、「台風の渦は左巻き」と簡単に書いてありますが、渦の巻き方というのはそんなに簡単ではありません。フーコーの振り子の北半球での右回りというのも上から見た場合ですし、台風ももし地上から見れば逆になります。

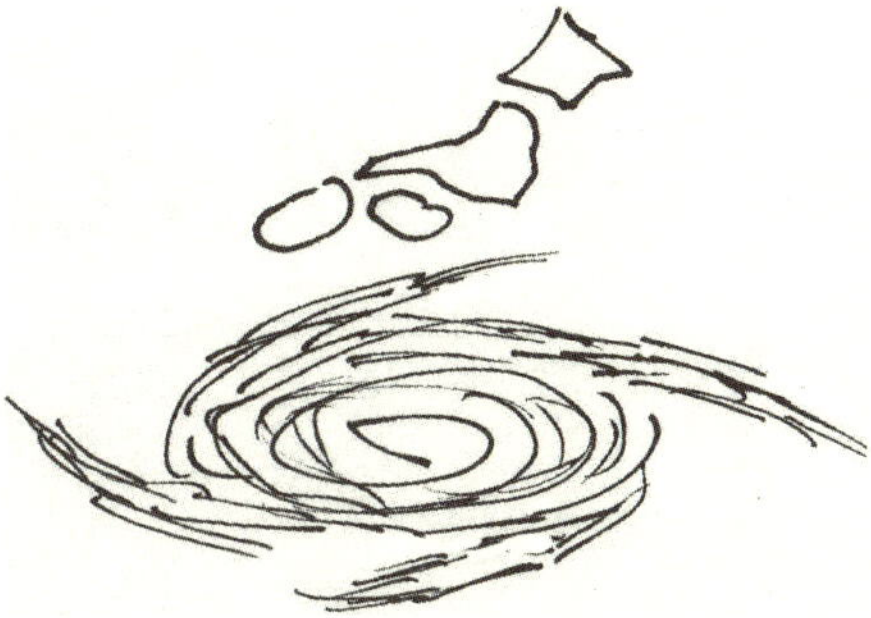

上空から見た北半球での台風
渦は中心から見ると右回りだが、風は外側から中心に向かうので、外側から中心に見ると左まわり

朝顔のつるの巻き方も一般には上から見て左巻きといいますが、下からつるの伸びる方向を見ると右巻きになります。ちなみに朝顔のつるの巻き方にはコリオリの力は関係ないようです。植物には上から見て右巻きのもあったり（例えば、フジ）、右巻き左巻き両方の巻き方をするのもあるようです（ヘチマなど）。

5 波と海流のひみつ

波が起こるのは海上を吹く風によるもので、これを「波浪《はろう》」と呼びます。波浪は、「風浪《ふうろう》」と「うねり」にわけられ、風浪というのはその場所で風によって発生する波で、うねりというのは風浪が伝わってきた波のことです。

風により水面近くの水は円運動をすることになりますが、深い水面下では運動の力は減衰（次第に弱くなること）してしまい、ほとんど動いていません。ですから、波も水中では水の流れはなく穏やかです。また、この水面近くの水の円運動は各地点で回っているだけであり、水そのものが横方向に動いていくわけではありません。

風浪は波の形がさまざまで、風が強くなると白波のように先の尖った波が立つこともあります。

ところで、海岸ではいくつもの波が海岸線とほぼ平行線になって打ち寄せているのをふしぎに思ったことはないでしょうか。これは、波の速度が海の浅いところで遅くなることによるのです。浅いところでは波の速度が遅いので、岸辺近くでは後からの波が追いつくことになり、最終的には同じ深さの浅瀬のある海岸線と波が平行になるのです。また、海岸近くでは波が後から追いついた波と一緒になり、大きな波の高さになることがあります。そして、それによりサーフィンもできることになるわけです。

夏の土用の頃に太平洋岸にくる「土用波」はうねりです。これは、まだ日本には上陸していない台風による波のうねりが日本にきたものです。うねりは、通常は先が丸い形のゆったりとした波です。これは波長の短い波は早く減衰してしまうのですが、波長の長い波は遠くまで伝わるためです。うねりの波は遠くに行くほど、波が減衰して波の高さも低くなります。しかし、うねりは海岸近くで先に述べたような理由で、後からの波も合成されて大きな波になることがあるので注意しなければなりません。土用波もそのようにして大きくなったものです。

地震によっておこる津波も波ですが、これは、地震により海底面が隆起あるいは沈降することにより海面の高さが移動し、それが四方に伝わっていくものです。この場合は深いところまでも水粒子の運動があります。深い海底で地震が起こった場合、津波の速度は飛行機並みの時速約８００㎞にもなることがあります。そして、ペルーやチリ沖で起こった地震による津波は1日ほどで日本の太平洋沿岸に到達します。

陸地に近づくと海が浅くなりますから、津波の速度は遅くなりますが、それでも時速40㎞近く、かつ波の高さも後からの波が合成されて高くなるので、大変危険です。また、津波の前には引き潮になるといいますが、これは波には高低があるので、海面が低い引き潮がまずきて、次に高いところがくるわけです。しかし、いつもそうとばかりは限らず、海面が低くならないで、そのまま高い波がくることもあるようですから注意が肝心です。

さて、１０００ｍほどの深さまでの海水は、全体として水平方向の移動があり、それが海流です。世界にはいくつかの有名な海流があります。中緯度まで（熱帯域）でみると、北半球では時計回り、南半球では反時計回りです。これは前節のコリオリの力で述べたように北半球では右向き、南半球では左向きの力がかかるので、地球の自転が関係しているとも考えられます。しかし、もう少

海流に乗ってのはずが漂流

し北極の方（亜寒帯）では向きは反対になります。地球表面では地球規模の風が吹いており（貿易風や偏西風など）、その風に引きずられて、海流が生じていると考えるのが一般的です。また、陸地の形態も関係します。深層水も循環していますが、こちらは塩濃度や温度の不均質によるものと考えられています。

人類ほど地球各地に拡散していった動物はいないようです。帆船などが発達していない時代にも、人類は海流を利用して南太平洋を移動したと考えられます。約5～3万年前のことです。

現在でも船が故障し、島から海流によって遠く流されるという事故もあります。私たちも南太平洋で磁気調査をしましたが、外洋に出てしまうと大変です。もし、モーターボートのガソリンでも切れて外洋に押し出されたら、海流に乗って流されてしまったことでしょう。

日本の海流では太平洋側を流れる黒潮と日本海を流れる対馬海流が亜熱帯の海流として有名です。一方、北から下りてくる亜寒帯の海流では、太平洋側を流れる親潮があります。

日本の太平洋沿岸が穏やかで温暖な気候になっているは黒潮のおかげで、気候にも大きな影響を与えています。アメリカの東海岸を流れるメキシコ湾海流も有名です。黒潮もメキシコ湾海流も幅は100㎞ぐらいで、秒速は1・5mほどになるところもあります。これらの海流は沿岸の気候にも影響を与えるとともに、漁獲量に影響するので極めて重要です。また逆に、異常気候などが海流の流れに大きな影響を与えることもあります。

6 潮の満ち引き

潮の満ち引きは釣りや潮干狩りに行く時に注意しなければいけないものです。

釣りに夢中になって、岩場に取り残されて戻れなくなったという話もたびたび聞きます。また、満潮時には潮干狩りができません。

1日にそれぞれ2回ずつ満潮と干潮があります。その水位の差（潮位差）は地形などにもよるのですが、数10㎝から数mです。世界には潮位差が15m近くにもなるところがあるようです。

日本では太平洋側で約1～3m、日本海側で数10㎝です。日本海側で潮位差が小さいのは、日本海の入り口が浅くて狭いため、海水の移動が制限されるためのようです。このように日本海側では潮位差が小さいので、干潟ができにくくあまり潮干狩りをしないようです。

潮位差が小さいことには逆に長所もあります。京都府の日本海に面した宮津《みやづ》の近くに「伊根《いね》の舟屋《ふなや》」というところがあります。ここでは舟を出入りさせる小屋と普通の家屋が一体になって湾に面して建てられています（1階が船のガレージで2階が居室）。湾から舟屋を眺める観光船も出ていて、国の重要伝統的建造物群保存地区の指定を受けている風情のあるところです。

最初にこれらの舟屋を観光した時、私は潮汐《ちょうせき》（潮の満ち引き）による海水面の変動があるので家屋が水に浸からないかと心配したものです。その後、日本海では潮位差が小さいということを知り、なるほどと思いました。

潮の満ち引きを起こす力を「潮汐力《ちょうせきりょく》」と呼びますが、それは、地球と太陽の配置で決まるものです。

地球が太陽の周りを公転しているのは、地球と太陽の間に働く万有引力と公転による遠心力が釣り合っているからです。地球と比較して太陽の質量の方が圧倒的に大きいので、地球が太陽に引っ張られているというイメージなのですが、その引っ張られている力は地球の中心に働いています。それで地球の太陽に近い側は地球の中心からより太陽に近いのでより大きい万有引力が働きます（万有引力はそれぞれの質量に比例し距離の事情に反比例する力です）。また、太陽と反対側では遠心力の方が大きくなります（遠心力は中心角で表した回転速度が同じ時は距離に比例する力です）。

そのため、地球上で太陽の方に向いた側とその反対側の海水面が膨らみ満潮ということになります。また、太陽の方から90度傾いた地球の両側では海水面が下がり干潮ということになります。地球は1日に1回自転しますから、満潮

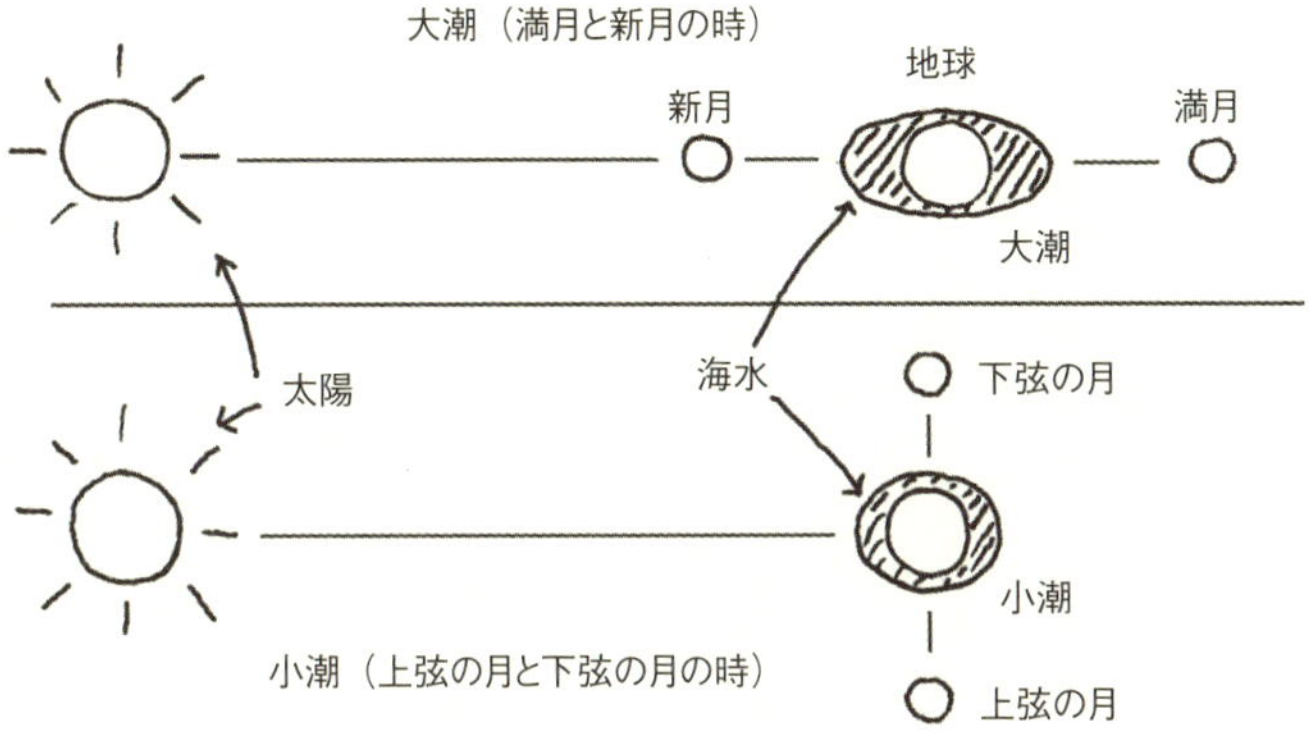

大潮／小潮と月の位置の関係

と干潮はそれぞれ1日に2回ずつあることになります。

月が地球の周りを回っているのも万有引力によるものですから、月の引力も地球に影響を与えます。太陽と地球の直線上に月がある時（すなわち、満月と新月の時）は、太陽の引力に加えて月の引力が満潮をより強めるように働き、大潮になります。また上弦と下限の月の時には、太陽、地球、月は直角に位置していますから、太陽の引力は月の引力で少し弱まり満潮は小さくなります。これが小潮です。

潮汐力は海水だけでなく、地球の岩石にも影響を与えています。潮汐力により地表面が20㎝ほど上下動を繰り返しているのです。これは地下の岩石にも、もちろん影響を与えているはずなので、地震の発生と関係しないのかと心配になります。しかし、潮汐力による岩石への力は地震を引き起こすひずみと比べて大変小さいものです。ただ、断層の動く方向に潮汐力が働いた時などに最後のひと押しとなって働くという可能性も報告されています。

人が生まれる時は満潮時で、死ぬ時は干潮時が多いという言い伝えもあります。昔の年寄りなどは、陣痛が始まると次の満潮はいつだろうと気にしたものです。また、臨終に近い時にも干潮の時間を気にしました。しかし、実際にそういうことを示す統計があるのかどうか、私は知りません。もっとも、現在では陣痛促進剤などがあるので、実際には人の誕生時間と潮汐に関係があっても、統計ではそういう関係が得られないことでしょう。

7 地球の磁場はどうして生じるのか？

小学生の時に学校で小さな方位磁石（「磁気コンパス」あるいは簡単に「コン

パス」とも呼ぶ）を渡されたことがあると思います。方位磁石の針はいつも北を向きます。北を向くのは方位磁石の針のN極です。これは地球自体が大きな磁石で北極の方がS極のようになっていて、方位磁石の針のN極と引き合うからだと考えられます。

現在ではGPSがあり自分の位置や方角がわかりますが、そういった物のない時代の航海では、この磁石の針が北を向くことを利用して方角を知りました。いわゆる「羅針盤」です。羅針盤は15世紀から17世紀にかけての大航海時代に大いに活躍しましたが、中国では紀元前から磁石の針が北を向くことが知られていたようです。

鮭や鳩の脳にはマグネタイト（磁鉄鉱）があることがわかっています。マグネタイトは磁石なので、地磁気を利用して鮭や鳩が回遊や帰巣能力を持つのだろうと考えられています。

ところで、方位磁石の針のN極は単に北を向くだけではなく、北半球にある日本では少し下を向きます。水平面からのこの下向きの角度を伏角《ふっかく》といいます。針を磁石でこすると磁石になりますが、それを糸でつるしてみると、伏角があるのがよくわかります。針は軽いので空中で自由に動くからです。

日本の関東・関西では、地球磁場の伏角は約50度です。北海道の北端で約60度、九州の南端で約45度です。そのため、日本では針が水平になるよう方位磁石の針のＳ極側に小さなおもりをつけています。ですから、日本で買った方位磁石を外国に持って行っても針が傾いてひっかかってしまい使えないことが多いです。

赤道では伏角はゼロで、北に向かうとどんどん伏角は大きくなり北極では90度、すなわち方位磁石の針は真下を向きます。この場所が「磁北極」と呼ばれ、地理的な北極とは位置が異なります。赤道から南に下ると、赤道では水平で０度だった伏角はどんどん上向きのマイナスになり（伏角は下向きの角度なので、上向きはマイナス）南極ではマイナス90度、すなわち方位磁石の針は真上に向きます。ここが「磁南極」でやはり地理的な南極とは異なります。

次節で詳しく述べますが、磁北極と地理的な北極とは地球中心からの角度にして10度ほど位置がずれていて、これは距離にすると１０００㎞以上にもなります。

地球に磁場があることは地球の中心に磁石があると考えれば説明がつきます。地球の核の主成分は鉄であると考えられているので、その鉄の核が磁石になっているからだと考えたら良いのかもしれません。ところが地球の核は大変な高温であることがわかっています。実は、磁石にはキュリー温度と呼ばれる温度があり、その温度以上になると磁石としての機能がなくなるのです。鉄のキュリー温度は７７０℃です。地球内部の核の温度は、鉄のキュリー温度をはるかに超えているので、もはや磁石としての機能はないはずなのです。

地球磁場の成因として考えられるのは以下のような機構です。地球の外核の主成分は鉄であると考えられていて、その状態は液体です。その中で最初にちょっとした電流が流れます。電流が流れるとその周りに磁場ができます（アンペールの原理）。電磁石はこのアンペールの原理を応用したもので、コイル状に巻いた電線に電流を流すと磁石になります（中に鉄心を入れるのは磁力を強くするためです）。

外核では、融けた鉄の熱対流が起こっています。最初にできた磁場の中を導体（導電性がある物質）が動くことにより、新たな電流が流れます。これはフ

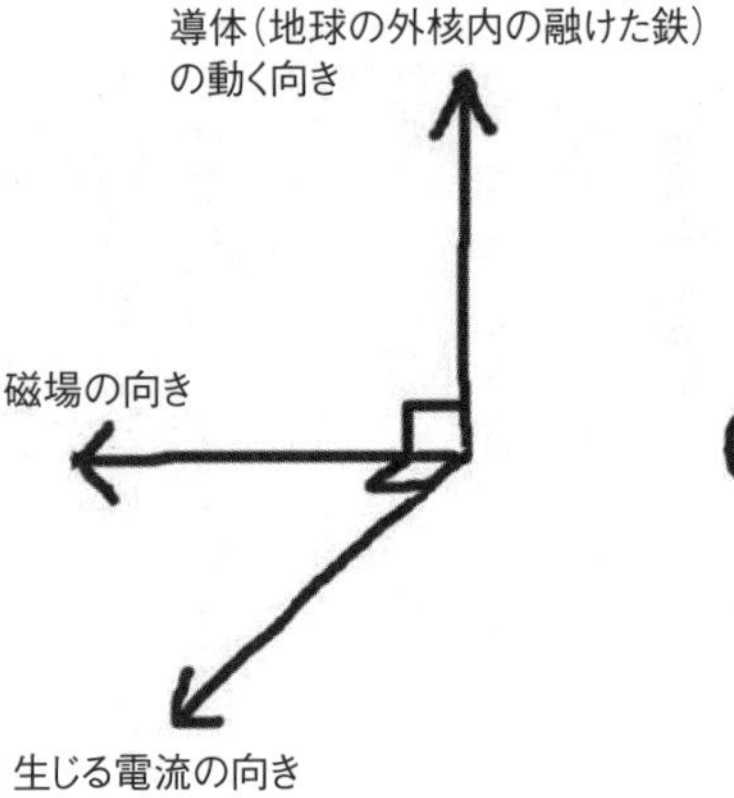

フレミングの法則

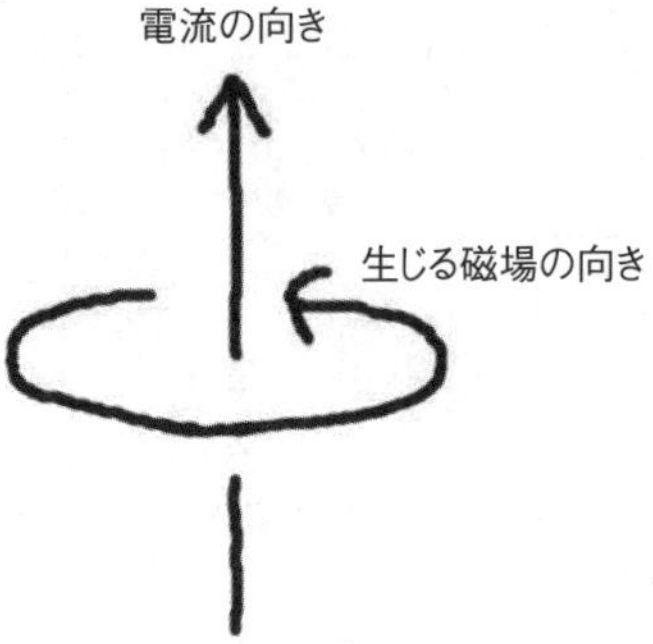

アンペールの原理

レミングの法則と呼ばれるものです。
そして、先に述べたように電流が流れると磁場ができます。こうようなメカニズムが働いて、最初は小さかった電流や磁場はお互いに強め合い、大きな電流や磁場に成長します。このような働きで地球に磁場が生じていると考えられているのです。これを「ダイナモ理論」と呼びます。

なお、太陽からはプラズマ粒子である太陽風が地球に降り注いでいますが、地球に磁場があることにより、私たちは守られているのです。太陽風というのは、荷電した高速の粒子なのですが、地球磁場は太陽風に対するバリアのような役割を果たしています。もし、磁力線がなければ、このような高速のプラズマ粒子が地球の大気圏に直接入ってきて、生物に被害を与えることになるのです。

一部の太陽風は地球の磁力線に絡まるような形で捕えられてしまいます。磁力線に捕えられた高速のプラズマ粒子は、磁力線の周りを回りながら極地方に入っていきます。そこで、地球の大気と衝突し大気が発光します。これが「オーロラ」です。オーロラというのは天然のネオンサインのようなものです。青や赤、緑などさまざまな色がありますが、それは衝突した大気中の元素の種類や衝突エネルギーにもよります。オーロラというとカーテンのようなものを想像しがちですが、ぼんやり雲のように光るもののもあるようです。また、激しく動くもののもあります。オーロラの見えるのは緯度にして60～70度の極地方です。

このように、地球磁場は、私たちを太陽風から守るとともに、美しいショーも見せてくれるのです。

また、太陽には磁場がありますが、月には磁場はありません。月に磁場がないことは、アポロ宇宙船の直接観測でも確かめられています。このことは、月の中心には核がないか、あっても大変小さいことに関係していて、ダイナモ理論からの推論と合致しています。

8 磁極は移動し逆転する

前節で、方位磁石の針の示す極（磁極）は、自転軸が通っている地理的な極（地理極）とは場所が異なっていると書きましたが、実は、磁極は地理極の周りをふらふらと移動していることがわかっています。そして、時々赤道付近まで磁極がきたこともあるのです。中国の古文書などで、明らかにオーロラとしか考えられないようなものが記述されているのもあるようです。現在は地理極からグリーンランド側にある磁極がその時は中国側にあったようです。

東京と大阪はほぼ同じ緯度ですが、この緯度で現在磁北極の方向は西に約７度ずれています。北へ行くほどこのずれは大きくなり、南に行くほど小さくなります。

日本ではこの４００年ほどの間に、磁石の指す北の方向が東から西に10度以

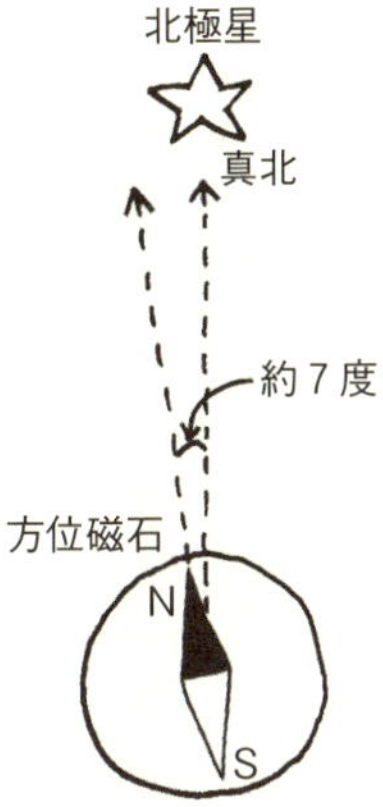

東京・大阪では

上ずれたことがわかっています。伊能忠敬が測量した江戸後期には、地理極と磁北極はだいたい同じ方向でした。それより少し前の江戸時代前期、17世紀につくられた京都の二条城の掘の向きは、真北から3度ほど東にずれています。これは、二条城の建設時に磁石を使って北の方向を決めたとすると、つじつまが合うのです。なお、平安京の南北の道などはきれいに北の方向を向いているのですが、これは、磁石でなく北極星で北の方角を決めて区画整理をしたと考えられています。

　このように磁北極は常にふらふらと移動をしているのですが、だいたいは現在の地理的な北極周辺を動いていることがわかっています。

　さて、地球に対して地理極自体も移動しているのですが、これは10ｍほどのごくわずかの距離範囲にすぎません。これは、地球表面の同じ緯度（北緯39度08分）上に世界で6つの国際緯度観測所が設置され、国際的な観測がなされていることからわかっています。日本では岩手県の水沢市に国際緯度観測所があります。地理極の移動には12カ月と14カ月の周期があるようで、12カ月の変化は気候変化によるもののようです。14カ月の変化についてはよくわかっていませんが、地球の物質分布の変化によるものと思われています。

一方、自転軸自体がコマの首振り運動のようにも動いています。これは２万５８００年の周期です。大変長い時間のようですが、人類の歴史から見ればそうでもありません。今から約５０００年前の古代エジプトの時代にも、北の方角は北極星の方角からずれていました。今から1万２０００年後の時代には、北の方向は琴《こと》座のベガの方向になるようです。その時にはベガのある方向が北で、北極星が他の星のように天球でベガの周りを回るということです。

さて、磁極の移動の話に戻ります。磁北極は年に9～40㎞の速度で移動をしています。その方向や速度も変化することが観測されています。磁極はふらふらと極のまわりを移動しながら、時には、赤道付近までくることもあり、同じ極側に戻ることもあるのですが、逆の極側にひっくり返ることがあるようなのです。

地球磁場の逆転があることは、プレートの発散境界である海嶺で溶岩が次々と冷えて固まる時、その当時の磁極の方向に向いて磁化していることからわかりました。海嶺で生まれた火山岩は、プレートに乗って海洋底を移動していきます。海洋底の岩盤は、地球磁場の正逆の歴史を記録したテープレコーダーのようになっていたのです。この200万年の間に7回ほどの大きな地球磁場の逆転があったことがわかっています。

陸上でも、現在の磁場方向とは逆向きに磁化している古い岩石があります。京都大学の松山基範《もとのり》先生（1884〜1958年）は、兵庫県の城崎《きのさき》温泉に近い玄武洞（国の天然記念物）の溶岩が現在の磁場方向とは逆に磁化していることを見つけました。これは、一番最近の地球磁場の逆転時期です。この逆転時期は、松山先生の名前をとって「松山逆転時期」と名づけられています。松山逆転時期から今の方向に磁場が変わったのは約80万年前のことです。80万年前というとすでに人類は地球上に登場していますから、私たち人類の祖先も地球磁場の逆転を経験しているはずです。

正磁極時期や逆磁極時期の間にも短い反転がたくさんあったことがわかって

いて、大変詳細な地球磁場逆転の年表ができています。岩石や堆積物の磁化方向の連続的なデータをとり、その地球磁場逆転の年表と照らし合わせれば、それから年代もわかるほどです。

それでは、地球磁場の逆転はどのようにして起こるのでしょうか。もし地球の磁場が地球の外核における熱対流によるものだとしたら、熱対流が逆転するわけで、そんなことが果たして可能なのかと思わざるを得ません。

地球磁場の逆転には地球磁場の強さも関係しているようで、ある時、磁場が大変弱くなり、それが復活した時に逆転して磁場が現れるようなのです。しかし、逆転するのにどのぐらいの期間がかかるのか、１００年なのか１０００年なのかなども含め、どのようなメカニズムで磁場が逆転するのかはまったくよくわかっていません。

実は、現在の地球磁場は１００年間に５％の割合で弱くなっているという報告があります。そうなると、約２０００年後には地球磁場はなくなってしまうことになります。２０００年というのは、造山運動など一般の地球規模の変動と比べて大変短い時間です。どのぐらいの時間間隔でどのようにして次の磁場

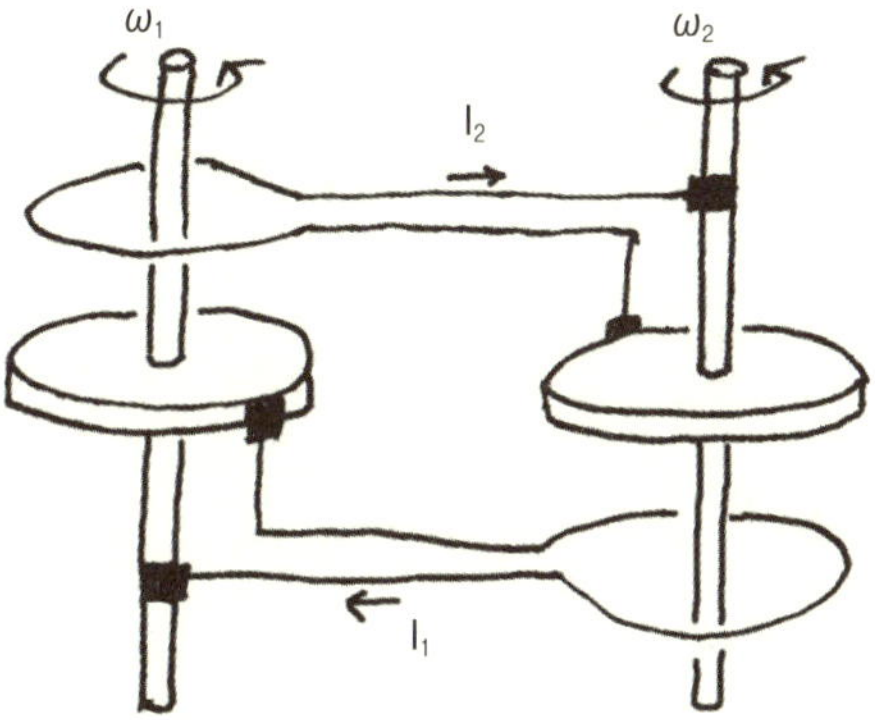

力武による結合円盤ダイナモモデル
2つの円盤が回り、それにより生ずる磁場と電流が相互に影響を与える

が出てくるのかというのを人類は直接観測できるかもしれません。

東京大学の力武《りきたけ》常次《つねじ》先生は二つの円盤ダイナモ（地球磁場など生じさせるメカニズムを単にダイナモと呼びます）をつないだ場合に、逆転が起こる可能性があることを数学的に示しました。これは、ダイナモ理論で逆転が起こることが世界で初めて示された画期的なモデルで、外国でも「力武モデル」として広く知られています。

力武先生は私の大学院時代の研究室（永田武研究室）の大先輩で、私が大学院の時にすでに東京大学の地震研究所の教授をされていました。一度研究会だったかの帰りに御一緒したことがあります。先生に、

「どうしてあの円盤ダイナモの逆転モデルを思いつかれたのですか？」

と質問したのですが、

「地下鉄で丸いつり輪を持っている時に、ふと思いついたのですよ」

と笑っておっしゃっていました。

電車の中でつり輪が並んでつるされているのを見て、二つの円盤ダイナモが結合するモデルを思いつかれたのかもしれませんが、いつも頭の中に逆転モデルのことがあったのでしょう。まさに常住不断（第2章「1　火山はどのようにしてできるのか？」を参照）です。

「力武モデル」は逆転が起こる可能性を示したのですが、あくまで数学的なモデルです。実際の地球の核で起こっているダイナモには二つの円盤はありません。実際どのように地磁気の反転が起こるのかについては、そのメカニズムはまだよくわかっていません。

アメリカの海洋調査船乗船記

　私は1978年にアメリカのウッズホール海洋研究所の海洋調査船ノア（Knorr）に乗船しました。ペルーのリマからハワイのホノルルまで1カ月ほどの調査航海で、海洋堆積物中の温度を測り、地下からどのぐらいの熱がきているのか、地殻熱流量を測定するのが目的でした（第2章「6 地球深部からの熱を測る」を参照）。東太平洋には地殻熱流量が低い特殊な地域があったのです。こういう研究航海ではただ一つの研究テーマでなく、いくつかの研究テーマが相乗りします。ですから、我々のような地球物理学関係以外に、地質、海洋生物関係の研究者なども乗船していました。

　その時の研究調査の隊長はフォン・ヘルツェンというドイツの研究者でした。地殻熱流量研究の世界的な大家でした。フォンという名前がついていることからわかるように、ドイツの貴族出身のようです。小柄ですがなかなか精悍な顔をした人でした。長期の航海で船上の生活では体がなまりますから、彼は毎朝甲板をジョギングしていました。そして、研究室にくるといくつか研究上の質問をしていくのが日課で、厳しいながらも大変温和な人でした。船を降りた後に共著で論文を書きましたが、的確な指摘を受け大変良い勉強になりました。

海洋調査船ノアに乗船した時、私はまだ20代でしかも日本人研究者は私一人でした。ペルーのリマの港の何番桟橋にその船が停泊しているので、日本からリマに行って船に乗れということでした。ペルーは日本とは地球のちょうど反対側で、もちろん日本からの直行便もなく、アメリカで飛行機を乗り換えなければなりません。まだ英語も満足に話せないのによく一人で行けたものだなあと思います。

アメリカで飛行機を乗り換え、ペルーのリマでタクシーに乗りました。そのタクシーの運転手が大変親切で、紙に書いたものを見せると、夜で港に人影も少なかったのですが、人を見つけると聞きながら桟橋に停泊している船を探してくれました。無事船に着いた時私はほっとしましたが、その運転手も客をしっかり目的場所に送り届けることができたということで、満足気な顔をしていました。

研究船がハワイに向けて出港するまで数日ありました。船内の部屋に泊まれるので、船を基地にして昼間はリマの街中に出たり、マチュピチュの遺跡にも行ったりしました。マチュピチュの遺跡は日本では今ほど有名になっていない頃です。マチュピチュまでは電車で行ったのですが、どのようにして行ったのかあまりよく憶えていません。ただ、すごい山奥にあり、よくこんなところに町をつくったものだと感心したことだけ記憶に残っています。

船の中での生活は大変快適でした。大きな船で、船酔いもあまりありません。船の中は規律が厳しく、船員の食べる食堂と我々研究者が食べる食堂も別になっています。食事のマナーについても、サンダルで食堂に入るとボーイから注意されました。そういうマナーもしっかり教えてくれたのです。

日本人は私一人なので、食堂では、よく他の人から話しかけられました。向こうも気を使ってくれたのでしょうが、なにしろ英語がろくに話せないので困りました。何を話されているのかわからないし、答えられないのです。

ある時、面白いことに気づきました。会話が理解できないのは、どういうことが話題になっているのかがわからないからです。そこで、むしろ自分から話しかけるようにしました。私の方から、ともかくいろいろと質問するのです。そうすると何が話題なのかわかっているし、相手の答えも予測しやすく大変英語が理解しやすいのです。返答が理解できなければ、その後はまた違うことを質問すれば良いのです。相手が何を言っても聞かず、自分の方からばかりしゃべっている人がいますが、そのようなものです。それから食堂での会話が大変楽になりました。

一度、夜中に起こされて甲板に呼び出されたことがあります。何かと不審に思いながら行くと、船の灯りにイカがいっぱい集まってきているのです。船員は、

「日本人はイカを食べるんだろう」

とニヤニヤしています。美味しそうなイカをいっぱい見せてやろうということのようでした。

赤道を通った時は赤道祭りをしました。皆で海賊の仮装をして、初めて赤道を越える者は海の神ネプチューンの前に連れて行かれ、銀紙を貼って作った大きなナイフで切られるのです。そして体

中にいっぱい色を塗りたくられます。これが赤道祭の儀式なのですが、なぜナイフで切られるのかはわかりません。そして、1978年4月15日に西経106度50分で赤道を越えたという証明書をもらいました。今でも大事に持っています。

そうはいっても、いつも周りは海ばかりで船の生活は退屈なものでした。ハワイに着くと、皆は船から蜘蛛の子を散らしたようにいなくなりました。

海の神ネプチューン

第5章

地球と生命の過去と未来

1 生命はいつどこで生まれた？

できたばかりの地球は、固体地球を構成する岩石と、大気・海洋にある二酸化炭素、窒素、水など無機物だけからなる惑星でしたが、ある時代に有機物である生命が誕生しました。

生命は地球で発生したのではなく、宇宙からきたのだという説があります。隕石に付着して地球に到着したというのです（パンスペルミア仮説）。しかし、地球上であろうと宇宙であろうと、生命がどのように発生したのかという問題は重要で、解明されなければなりません。

有機物というのは、「生物（有機体）由来の物質」ということで名づけられたものですが、大部分が炭素の化合物です。昔は、有機物は無機物（鉱物由来の化合物）からはつくれないとされていましたが、現在ではもちろん無機物から有機物をつくれるので、有機物という本来の意味はなくなってしまっています。

ところで、生命の誕生という問題については、まず生命とは一体何かということから考えなくてはいけません。これはなかなか難しい問題で、「生きている」というのはどういうことかという哲学的な課題につながらないわけでもありません。

しかし、生物学的な定義を考えると、生命とは、

（1）外部と境界がある個体である。

（2）その境界を通して外部と物質交換ができる（代謝機能）。

（3）分裂して同じ個体をつくることができる（自己複製あるいは増殖作用）。

ということになるかと思います。

外部との境界とは、細胞膜のようなものです。この主要成分はリン脂質ですが、それにタンパク質があり、これが外部との代謝機能を果たしています。タンパク質を構成しているのはアミノ酸です。

無機物から有機物ができ、生命がつくられる過程を「化学進化」と呼びますが、無機物から簡単な有機物やアミノ酸がどのようにつくられ、アミノ酸からどのような状況でタンパク質が合成できるのかが、さまざまなところで実験されています。

このような実験で一番有名なのは、1950年代の2人の研究者による「ユーリー・ミラーの実験」です。ユーリーはシカゴ大学の教授で、重水素の発見でノーベル賞を受賞した著名な科学者です。宇宙化学の発展に寄与した人で、その後シカゴ大学はその研究分野で著名な科学者を輩出しました。ミラーはユーリーの研究室の大学院生でした。彼等は地球の原始大気にあったであろう、メタンや水素、アンモニア、水などをフラスコ内に導き、放電させてアミノ酸が合成できることを確認したのです。放電というのは雷現象を想定したものです。生命が地球上で無機物からできることを示した最初の画期的な実験でした。その後、いろいろと材料を変えて実験が行われ、核酸などの成分であるプリンという化合物などもつくれることがわかりました。

ユーリー・ミラーの実験では、メタンやアンモニアが使われていましたが、これらは炭素や窒素の還元型（水素と化合している形）の気体なのです。実は、原始大気の炭素や窒素は、二酸化炭素（あるいは一酸化炭素）や、二酸化窒素などの窒素酸化物である、酸化型（酸素と化合している形）の気体であることがわかってきたのです。ところが、このような酸化型の気体を使うと、アミノ

人体と海水の構成元素

多い順	1	2	3	4	5	6	7	8	9	10	11
人体	O	C	H	N	Ca	P	S	K	Na	Cl	Mg
海水	O	H	Cl	Na	Mg	S	Ca	K	Br	C	N

酸などの合成が難しいのです。

最近では、このような放電によるのではなく、粘土などの表面でアミノ酸の重合（小さい分子がたくさん集まって大きな分子になること）が起こることも報告されています。粘土表面の吸着作用が化学反応の触媒のような役目を果たすようです。

さて、面白いのは次のようなことです。実は人間の体と海水を比べてみると、大変よく成分が似ているのです。人間の体を構成している大部分は水なのですが、人体がどういう元素で構成されているかというのを、多い順に10個挙げると、酸素（O）、炭素（C）、水素（H）、窒素（N）、カルシウム（Ca）、リン（P）、硫黄（S）、カリウム（K）、ナトリウム（Na）、塩素（Cl）という順になります。同じように海水の構成元素を上から挙げていくと、10番目までにリンと窒素がないのですが、マグネシウム（Mg）と臭素《しゅうそ》（Br）が入っています。

実は、マグネシウムは人体では11番目に多い元素です。また、窒素は海水では11番目です。ですから、11番目まで考えると、人体にあり海水にないのはリンで、人体になく海水にあるのは臭素だけということになります。

リンは海水中では安定な塩になって沈澱してしまうので海水から取り除かれているのです。臭素はフッ素や塩素などと同じハロゲン元素で、塩素と同じような働きをする元素ですが、動物体では毒性があるので、体内から排除されているようです（人体にとって必須元素ではあるようです）。これらを考慮すると、人体と海水とは構成元素がほとんど同じで、人間のそもそもの源である生命は、海で誕生したと考えるのがもっともなようです。

それで、干潟などに取り残されて、太陽の光で海水が濃くなったようなところから生命が発生したのではないかとも考えられています。このような海水が濃くなったところに、なんらかの反応が起こり、生命が誕生したというわけです。

しかし、地球の誕生初期には生命に有害な紫外線が地上に届いていたはずなので、最近は、そのような浅いところではなく、紫外線は通らないが光は届くような深海で、生命が発生したのではないかとも考えられています。

深海では重金属なども含んだ熱水が噴き出している熱水噴出孔が見つかっています。そういうところで生命が誕生したのではないかという説が有力なのです。実際に、そのような海水に近い成分の液体にアミノ酸を入れて、熱と圧力をかけると、アミノ酸が重合した細胞膜のようなものができたという実験報告もあります。

2 生物の進化と地球環境の変化

地球に最初に生命が誕生したのは、約40億年前といわれています。これは、同位体的な証拠から得られていることです。炭素には炭素12と炭素13の同位体があるのですが、生物というのは、炭素12の方をより多く取り込むことがわかっています。ですから、古い堆積岩の中に炭素12が多いものがあれば、生物体のしっかりした形はなくても生物体の化石という証拠になるのです。

しかし、こういう間接的な証拠ではなく、実際の形ある生物の化石となると、最古のものは約35億年前のようです。そこから現在までにさまざまな生物に進化してきたわけです。

最初は細胞核を持たない原核生物でしたが、光合成をするシアノバクテリアが登場し、酸素が大気中に放出されました（第3章「6　地球の大気と海洋の特徴」を参照）。そして、大気中の酸素（酸素原子が2個くっついた構造）からオゾン（酸素原子が3個くっついた構造）が大気上空でつくられ、それにより地上が紫外線から守られることになったのです。

紫外線はおおよそ100～400ナノメール（1ナノメートルは1mの10億分の1）の波長の電磁波です。電磁波のエネルギーの強さは波長に反比例します。つまり、波長の短い方がエネルギーが強いということになります。紫外線の中で100～280ナノメートルのものはUV－Cと呼ばれ、紫外線の中でも波長が短くエネルギーの高いもので、生物のDNAを破壊します（ですから、食品工場などで殺菌灯としても利用されているとのことです）。また、このUV－Cはオゾンを破壊する反応を起こします。オゾンと反応するということは、オゾン層で吸収されるということになります。これにより、地球のオゾン層は危険な紫外線を遮断しているわけです。

このオゾン層ができたことにより、地上は生物にとって安全な世界となり、生物は海から安全な大地へ上陸を始めました。5～4億年前のことです。最初に植物、次に動物が上陸し、それからさまざま姿に進化していきました。

もちろん、陸上が安全になる前にも生物は海の中で進化を続けていました。シアノバクテリアのような単細胞生物は細胞の中に核を持たないのですが、細胞の中に核（遺伝物質のＤＮＡなどを収納）を持つ真核生物の出現は20億年ほど前のことです。また、真核生物は単細胞だったのですが、14～10億年前には細胞の集合体である多細胞生物が出現しました。

そして、生物が陸上に上陸を始める少し前の約5億4０００万年前には、「カンブリア大爆発」と呼ばれる大事件が起こりました。1００～5００万年という短期間（地球の歴史に比べてです）に生物の種類が爆発的に増えたのです。現存の動物の直接的な先祖がほとんど現れたのです。カンブリア大爆発は海の中で起こったことなので、大きな海洋環境の変化があったことと思われますが、その原因はよくわかっていません。

恐竜は今から2億3０００万年前頃に現れましたが、66００万年前に突然姿を消しました。これは、メキシコ半島の先に落ちた巨大隕石によるものだということがわかっています。その前にも何度か地球上の生物の大量絶滅がありますが、隕石の衝突による直接的な証拠が得られているのは、この恐竜が滅んだ6600万年前だけです。その他の生物の絶滅時は火山活動の活発化などによる気候変動などが原因と考えられています。

そして、この生物の大量絶滅で生物の種類が大きく変わることにより、古生代、中生代、新生代などといった地質年代が決められているのです。古生代の終わった2億5200万年前は非常に大きな事件のあった時で、生物の種の90%以上が滅んだとされています。

恐竜の滅んだ後、生き残った小型の哺乳類からさらに生物は進化を続け、人類が現れたのは、600~700万年前です。

ところで、よくSF映画などでは大型の昆虫が現れることがありますが、実は昆虫はある程度以上には大きくなれません。昆虫は無脊椎動物なので外骨格によって身体を支えています。サイズが大きくなると外骨格の重みで自分の身体を支えられないということもあるのですが、その前にもっと大きな制約があるのです。昆虫は体の中に張り巡らされた気管という細い管があり、それを使って大気中の酸素を直接体に拡散させて取り込んでいます。ですから身体のサイズの割に運動能力が優れているのです。

身体が大きくなると、この気管も大きくする必要があります。しかし、気管内の空気の移動は拡散によるものなので、ある程度の大きさ以上にすることができないのです。そのために身体のサイズも制限されているというわけです。ですから、モスラのような蛾の怪獣は存在しえないのです。

私には一つ楽しみにしていることがあります。人間は2本足歩行をするようになり、巨大な脳を支えることができ、しかも手が自由に使えるようになり、大いに発達したという説が提唱されています。もしそうなら、2本足歩行をするエリマキトカゲもそのうち高

エリマキトカゲ

い知能を持つ可能性があるはずです。そうすると、「猿の惑星」ならず、「エリマキトカゲの惑星」という未来になりそうで、そういう映画ができないかなあということです。

3 斉一《せいいつ》説と恐竜の発見

恐竜は現在の地球上には生息していません。ずっと昔、６６００万年前に滅んでしまったのです。ですから、誰も実際に見たことがないのです。それなのに、恐竜が存在したということが、どうしてわかったのでしょう。実は、化石を発見してすぐに、恐竜の存在が認められたわけではないのです。

科学には「斉一主義」と呼ばれる考え方があります。それは「現在起こっていることは、過去にも起こっている」というものです。現在や過去に起こったことは、その時に特別に起こったことではないのです。ですから、科学では、同じ条件で同じ実験を行えば、誰でも同じ結果が得られるのです。そして、このことは、科学の普遍性の基礎になっています。実験するたびに、あるいは同じ実験条件なのに実験する人によって違った結果になるということになれば、科学の基礎が揺らいでしまいます。

地質学についても同じで、「現在起こっていることが過去にも起こっていた」という斉一主義が適用されなければ、近代科学とはいえません。

ところが、地球の歴史は1回きりの出来事ですから、この斉一主義が適用できない場合があります。恐竜の存在などというものはまさにこれに相当します。現在いない動物が過去には存在していたということですが、その存在を現在では再現できないわけです。そういう意味で恐竜の存在は斉一主義に反するものであるとも言えますが、歴史科学ではそういうことが起こります。

小惑星による生物の「絶滅」なども一見斉一主義に反するようですが、小惑星などが衝突するということは、現在でも起こりうるわけですから、純粋に一度限りの現象とは限りません。実際に地球上では何度も当時存在していた生物の大多数が絶滅した事件があったと考えられています（生物の大量絶滅の原因については小惑星の衝突だけとは限りませんが）。

さて、どのようにして恐竜の存在が知られるようになったのでしょう。

17世紀頃にイギリスの古い地層から発見されていた恐竜の化石は、当初大型動物の骨の化石だろうと思われていたようです。１８１１年にはイクチオサウルスの化石が、イギリスの少女メアリーによってイギリス南部のドーセット州のある村で発見されましたが、これも当初は絶滅した動物であるとは考えられませんでした。

その後、１８２２年にイギリスのお医者さんであったマンテルという人が、やはりイギリス南部のクックフィールドという村の採石場で大きな歯の化石を見つけました。彼は医者であるかたわら、趣味で地質学を勉強して本を書いたりしていたのです。その歯の化石は何の化石かわからなかったのですが、現在生息しているイグアナの歯と似ていました。それで、中生代に生息していて絶滅した巨大な爬虫類の歯であるとして、イグアノドンと名付けました。それが認められたのが

1825年のことです。

これが、現在には存在しない大型爬虫類が中生代にいて、それが絶滅して化石になっているということが認められた最初のようです。その後、彼は自分で博物館を作ったようですが、大変貧乏になり、自分の化石のコレクションを大英博物館に売却したそうです。彼がイグアノドンの化石を発見したクックフィールド村に記念碑が建てられているとのことです。

「恐竜」という名はイギリスの生物学者であるリチャード・オーウェン（1804～1892年）という人がつけたものです。中生代に生息していて絶滅してしまった爬虫類に別の分類名をつけることを提唱し、「ダイノザウリア（恐竜亜目）」としました。これがその後「恐竜目」になり、「恐竜」という言葉として一般に定着したのです。1851年に世界で初めてロンドンで万国博覧会が開かれましたが、その時に実物大の恐竜の復元像が製作展示されたとのことです。その時の責任監督者もオーウェンでした。なお、オーウェンはダーウィンの進化論の反対者としても有名です。

4　太陽光線と生物

光は電磁波です。人間に見える光は可視光線と呼ばれ、波長にして400～800ナノメートルの範囲で、この範囲を可視領域とも呼びます。この可視領域に近接してより波長の短いものは紫外線（100～400ナノメートル）、より波長の長いものは赤外線です（800～100万ナノメートル）。ちなみに、人間には赤外線は見えません。よく赤外線ヒーターのパンフレットなどで、赤い光線がヒーターから出ているものを見ますが、実際のところ、赤外線ヒーターからの赤外線は、私たちには見えないのです。私たちは赤色に暖かさを感じるのでその視覚イメージを狙ったものと思われます。

人間が見て識別できるのが可視光線であるということは、実は太陽の発する電磁波と関係しています。太陽は可視領域の電磁波を最大に放射しているのです。熱せられた物質は電磁波を放射するのですが、温度により発する電磁波の波長が異なります。例えば、炭に火がついておこってくると、赤い色から青白い色に変わってきます。これは温度が高くなることにより、物質の放射する電磁波が、長い波長（赤色）から短い波長（青色）に変わってくるからです。

このように、黒い物質がある温度で特定の領域の波長の電磁波を放射することを、「黒体輻射」と呼びます。太陽の黒体輻射はちょうど可視光線の領域なのです。人間の目が可視光線を認識できるのは、まさに人間が太陽の恵みを受ける地球上で進化したからだと思われます。

さて、光の色とは何でしょう。光は電磁波で、色の違いはその電磁波の周波数の違いです。人間の目には、赤、青、緑の波長に対して感じる三つの細胞があり、この3種の視覚細胞の感じる強さの組み合わせで、脳で光の色を区別できるようになっています。人間のそれぞれの3種の視覚細胞には、感じる電磁波の波長に幅があります。紫の光が入ってきた場合には、赤と青の視覚細胞が少しずつ感じて、脳の中で紫と判断します。ですから、初めから紫の波長の光を見るのと、赤と青の光を同時に見せても人間にとっては同じことです。このように、人間はすべての可視光線を、赤、青、緑の3色の組み合わせとして認識しているのです。

鳥や昆虫は我々人間とちがって、もっと波長が短い紫外域まで見えることがわかっています。ミツバチなどは、むしろ赤色の方が見えないので、認識できる電磁波の領域が人間と比べて少し短い波長側にずれているようですが、チョウは長い波長である赤色までも見えるようです。

さて、昆虫の見える波長域が人間とは異なっているということから、面白いことが生じます。人間にとって白い花が白く見えるのは、白い花には赤や黄などの色素がなく、花弁中にある小さな気泡が光を反射するためです。ところが白い花にも無色の色素であるフラボノイドがあります。このフラノボイドは可視光線をすべて吸収するので人間の目には無色ですが、紫外線を反射します。昆虫は紫外線領域が見えるので、このことから白い花にも色があると認識しているはずです。

それでは、昆虫にとってどんな色に見えるかと問われると、それに答えることは難しいです。人間は可視領域の長い波長を赤色に、短い波長を青色に認識しますが、この青、赤を言葉で説明するのは難しいからです。赤は燃えるような色、興奮する色という表現はできますが、果たして、紫外線を見る昆虫はどんなふうにその紫外線を感じるかはわかりません。私たち人間でも、突然変異で紫外線が見える人がいたとしても、それを見えない人に説明するのは大変困難でしょう。ですから、「色を認識できる」と言う表現はいいとして、「それは何色ですか？」という質問には答えようがないのです。

また、人間は3色の組み合わせで世界を見ていますが、鳥は4色の組み合わせで世界を見ています。ということは、鳥は人間よりももっと複雑な色の組み合わせの世界を見ているということになります。私たちが見るオスの羽のきれいな色は、メスの鳥が見るともっとカラフルでセクシーに見えていることでしょう。鳥のメスは立派できれいな羽をしたオスを伴侶に選ぶと言われていますが、これは健康で元気のあるオスは立派できれいな羽を持っているからだと一般に考えられています。

孔雀のオスのきれいな飾り羽は有名ですが、1991年にイギリスの研究グループが、メスの孔雀がどのような基準でオスを選ぶかということを調べたところ、「飾り羽の目玉模様の数の多さ」という研究成果を発表しました。これなど、まさに健康で元気なオスほど立派な羽を持て、メスがそういうオスを選ぶという説を支持しているようです。

ところが、２００1年に東大の研究グループが、メスがオスを選ぶのは飾り羽の目玉模様の数とは関係なく、鳴き声の音節と関係していることを報告しています。これによると、多音節で鳴くオスは交尾に成功している確率が高いということで、実際そういうオスには男性ホルモンであるテストステロンの濃度も高かったというのです。

そうすると、孔雀のオスのあのきれいでカラフルな飾り羽は何のためにあるのかという疑問が湧いてきます。きれいな声で鳴くことができれば、見た目の羽の美しさはなくても良いということになるのです。

実は面白い説があります。

鳥のオスのカラフルな色は同じ種のメスからだけでなく、外の種からも目につきやすいはずです。オスとメスの鳥がいた時にはオスの方が見つかりやすいのです。ということは、猛獣などに狙われた時にオスの方はすぐ捕まって食べられてしまいますが、その間にメスは逃げることができるということになります。メスの方は、受精した卵を持っていれば母子ともに助かるわけで、その方が種の保存率が高いはずです。オスの代わりはまた見つかるので、ともかくも母子を助けるということの方が種の保存としては大切なのです。

この説によれば、なぜオスはきれいな羽を持つのに、メスは持たないのかということも合点がいきます。メスは目立たないほど良いからです。また、他の鳥や動物から襲われることのない猛禽類では、オスとメスで姿の差があまりないのも説明できます。猛禽類は他の動物から襲われないので、わざわざオスだけをカラフルにする必要がないのです。そのような次第で、私はこの説の方が正しいのではと思っています。

カマキリのオスは、交尾した後、メスのえさになってしまうわけですが、鳥のオスも、そのカラフルな姿でわざと外敵に見つかりやすくし、

身を捨ててメスを逃がしやすくしているのです。オスはなんとも哀しく切ない存在です。

5 人間の産業活動により変化する大気

地球に光合成をする生物が現れたことにより、過去の大気成分が変化したわけですが（第3章「6　地球の大気と海洋の特徴」を参照）、ごく最近の地球の歴史でも、人間の産業活動により大気成分が変化したことがわかっています。

その一番有名なのは大気中の二酸化炭素の含有量です。1957年よりハワイのマウナロア観測所で長期的な計測がなされています。これによれば、二酸化炭素は春から夏には減少し、秋から冬にかけては増加するという大変きれいな季節変動を示しながら、全体としてはゆっくりと増加しています。夏に二酸化炭素が減少するのは、植物が茂って光合成が盛んになるからです。冬には枯葉の分解などにより増加します。

大気中の二酸化炭素の濃度は、1957年の観測開始時は315ppm（ppm

は100万分の1）だったのが、現在では400ppmになっているので、この60年間で85ppmも増えていることになります。産業革命前の大気中の二酸化炭素量は約280ppmで、その前の約1万年間はほとんど変化がなかったことが、南極の氷柱の同位体研究などからわかっています。このように、近年の二酸化炭素の増加は産業革命以後のことで、石炭、石油の燃焼や森林の伐採などが影響しているとされています。

　メタンも増加していますが、その増加は酪農などの人間の産業活動によるものと考えられています。つまり動物の糞尿（それにゲップ）なのです。二酸化炭素もメタンも強力な温室ガスなので、これは地球の温暖化に関係して大きな問題になっています。

　さて、これらは、大気中の化学物質に関係したことですが、その化学物質を構成する元素の同位体比にも変化があったのではないかという指摘があります。

　それは、ヘリウムの同位体である$^{3}\mathrm{He}/^{4}\mathrm{He}$比に関してのことです。$^{4}\mathrm{He}$はウランの放射壊変でできます。実は、石炭や石油中のウランの含有量は結構高く、$^{4}\mathrm{He}$がたくさん含まれています。これらの化石燃料を産業革命以後に燃やしたことで、大気中に大量の^{4}Heを放出し、大気中の^{3}He/^{4}He比が減少した（分母の数が大きくなるので）可能性があるのです。計算によれば、その減少率は年間にして0・01から0・08％というものですが、この見積もりには大きな誤差があります。

　このことについて、初めて実験的な検証をしようとしたのは、東京大学大気海洋研究所の佐野有司教授でした。1977年と1988年に採取した空気を比べたところ、^{3}He/^{4}He比が1年に0・08％変化しているとの報告をしました。ところが、アメリカの研究グループが保存していた過去の空気を測定したところ、1973年と1990年で変化がなかったということで論争になっていました。その後、フランスのグループが金属精錬の際に出るスラグ（鉱滓《こうさい》）から過去の大気を測定しました。900年から1991年の試料ですが、スラグは精錬の際に金属から分離される鉱石の屑のようなものです。その中に当時の大気を取り込んでいると考えたのです。そして、産業革命前の試料の^{3}He/^{4}He

U, Thは石炭、石油の中にあり
放射壊変して^{4}He（α粒子）を出す

↓

大気中の^{3}He/^{4}He比が下がる

比は現在の値とは異なっているという報告をしていました。

私は、古い大気を保存している試料として、陶磁器に着目しました。陶磁器には気泡がたくさんあるので、陶磁器が焼かれた時の大気を閉じ込めているのではないかと考えたのです。それで、私たちの研究グループで西暦１４００年ぐらいからの年代のわかっている古い中国と日本の陶磁器のかけらを粉砕して、出てくる大気のヘリウム同位体比を測定してみたのです。

そうすると、面白いことに日本の陶磁器からの結果としては、現在の大気と同じ$^{3}He/^{4}He$比しか得られないのですが、中国の古い磁器からは、現在の大気より高い$^{3}He/^{4}He$比を持つ値が得られたのです。私たちの得た値は年間にして０・０３４％（誤差は±０・０１８％）の減少率でした。佐野教授たちの値とお互いの誤差の範囲で一致していました。この結果、人間活動により大気中のヘリウム同位体比が変化したことが示されたのです。

それでは、なぜ日本の陶磁器では現在の大気と同じ結果しか得られないのでしょう。その理由は以下のようなことだと結論しました。

中国では陶磁器を石炭で焼いていて焼結《しょうけつ》温度（加熱されて固まる温度）が高

いのに対して、日本では陶磁器を木のまきで焼くので焼結温度が低いのです。そのため、日本の陶磁器では、当時の古い大気がしっかりと陶磁器の中に保持されていないということと、陶磁器を焼いた時に材料の粘土にもともと含まれていた放射性の^{4}He（粘土の中で放射性壊変によりできた^{4}He）が十分抜けていないのではないかということが考えられるのです。

陶磁器の中に材料粘土の放射性成分の^{4}Heが残っていたのではないかという疑問は、測定したアルゴンの同位体比からもわかりました。アルゴンの同位体比である^{40}Ar/^{36}Ar比が日本の陶磁器では現在の大気より少し高いのです。^{40}Arは^{40}Kからの放射壊変によりできる同位体で、カリウムはカオリンなどの粘土鉱物に多く含まれている元素です。そのため^{40}Arが大量に粘土に入っていたはずです。中国の陶磁器にはそのような放射性^{40}Arが見られないので、陶磁器を焼いた時にきれいに粘土から抜けたことを示していました。

6 地球の温暖化

先の節で述べたように、産業革命以後、人類は多量の二酸化炭素を大気中に放出し、これが、温暖化の原因になったと言われています。このような温室効果ガスは、二酸化炭素以外にもメタンや水蒸気が考えられています。

地球の温暖化がどうして起こるのかということを書いておきます。太陽の表面温度は６０００℃にもなっていて、前にも書いたように可視光線領域の電磁波を主に放射しています。それで、地球は温められるのですが、温められた地球は20～30℃になり、もっと長い波長の赤外線を放射します。水蒸気や二酸化炭素はこの赤外線のある波長域のものを遮断するのです。水蒸気はほぼ全域の赤外線、二酸化炭素は15マイクロメートル（1マイクロメートルは１ｍの１００万分の1）付近のものを吸収します。もし、これらの気体が地球からの赤外線による熱を遮断しないと、地球はマイナス19℃になると推定されています。これらの気体に熱が吸収され大気に蓄積されることから、地球は平均温度14℃とという快適な温度に保たれているのです。温暖化というのは、これらの温室効果ガスが増えることにより、地球全体が温められて温度が高くなることです。

ここ数十年地球の温度がじわじわと上がっているのは、私たちも感じるところです。私の小さい時には、冬にボールなどの器に水を入れて夜間に外に置いておくと凍っていたものでした。それで、冬に外の水道管にわら縄を巻いたりもしたぐらいです。最近では大変寒い日もたまにありますが、そういうことはめったにありません。

古い版画などでは、ロンドンのテムズ河が凍ってその上でスケートをしているような様子や、オランダのアムステルダム港も氷に閉じ込められた様子が描かれているものがあります。実際、16世紀末から70年間ほど大変寒い時期がありました。同じような寒い時期は14世紀にもあり、これがヨーロッパでペストが流行した原因にもなったとも言われています。

ただ、もっと遡って、約6000年前の縄文時代は大変温暖で海水面も今よりも4～5m高かったとされています。これは「縄文海進《かいしん》」として有名です。日本でも海もずっと陸地まで入り込んでいました。

過去16万年ほどの温度変化の様子は、南極の氷床コアから得られています。前に書いたようにここでも同位体比の変動から温度が推定できます。今のように暖かくなったのは1万年ほど前からで、それより前はずっと寒かったのです。２万年前頃は海水面が現在よりも１２０ｍも低かったと推測されています。その時期、さまざまなところが陸続きになり人類は世界にその分布を拡大しました。現在と同じように暖かかったのは、直近では12～14万年前だったようです。

もっと大きな時間スケールで気候変動を眺めると、地球上には氷河期と間

縄文時代

氷期の繰り返しがあったことが知られています。ここ１００万年の間は約10万年のスケールでそういうサイクルがあったようです。

また、過去何回か（一番最期は6億5０００万から6億3５００万年前）地球全体が凍るというすごい氷河期があったという指摘があります。地球全体が凍りついたので、「スノーボールアース仮説」と呼ばれています。もしこういうことが起こると、生命が存続できなくて途絶えてしまうのではということと、その凍りついた状態から再び温暖な環境へ戻す機構がないのではというので、この仮説は当初あまり信用されませんでした。

しかし、海が凍ると、大気中の二酸化炭素が海水に吸収されることなく大気に蓄積されることになります。そしてその二酸化炭素による温室効果で地球の温度が上昇します。ですから、大規模な火山活動などがきっかけでスノーボールアース状態から温暖な環境に戻ることが十分あり得るのです。その後、スノーボールアースのさまざまな証拠が世界各地で見つかり、今では多くの研究者がスノーボールアース仮説を信じることとなりました。

このスノーボールアース仮説を提唱したのはアメリカのカリフォルニア大学

のカーシュヴィンク博士です。実は、彼の奥さんは日本人で、奥さんの実家が大阪の豊中市で大阪大学のすぐ近くなのです。それで時々夏休みなどに奥さんの実家に滞在し、大阪大学の研究室に論文を借りになど遊びにきていました。他の先生方も含め昼食を何回か一緒にとったことがあります。小柄で温和な人ですが、なかなか論法鋭くもあります。新説を唱えても、それに対してさまざまな反対意見が出てきます。それらの意見に反論して自説を認めてもらうのは、なかなか大変です。科学者にも頭脳の明晰さに加えて強靭な精神力が必要です。

7 海面上昇と水のふしぎ

さて、温暖化になると北極や南極の氷が解けて海水の量が多くなり、海水面が上昇するとよく言われています。しかし、これには少し誤解があります。温暖化により氷が解けることも海水面が上昇するのもその通りなのですが、北極海に浮かぶ氷山が解けても海水面は上がらないのです。

例えば、グラスに氷を浮かべた水を入れて、水面をグラスのふちの高さと一緒にします。氷は浮いていますから水面より上に出ています。すなわち、グラスの縁より高くなっているので、氷が解ければ、その飛び出している氷の分だけグラスの外にこぼれそうな気がします。ところが、氷が解けても、グラスの外に水はこぼれず、最初の水面の高さのままです。

これはどうしてでしょう。

まず、氷が浮いているのは、水よりも軽いからです。水は凍ると膨張します。それで、氷は水より軽くなるのです。氷が水中に浸かっている体積分（約90％）が凍る前の水の体積分で、その体積に相当する水の重さがその氷の重さになっています。氷はその体積分の水を押しのけた分、水から浮力を受けて浮かんでいるのです。ということは、氷が解けて水になったとしても、氷が水に浸かっていた分の体積にしかなりません。よ

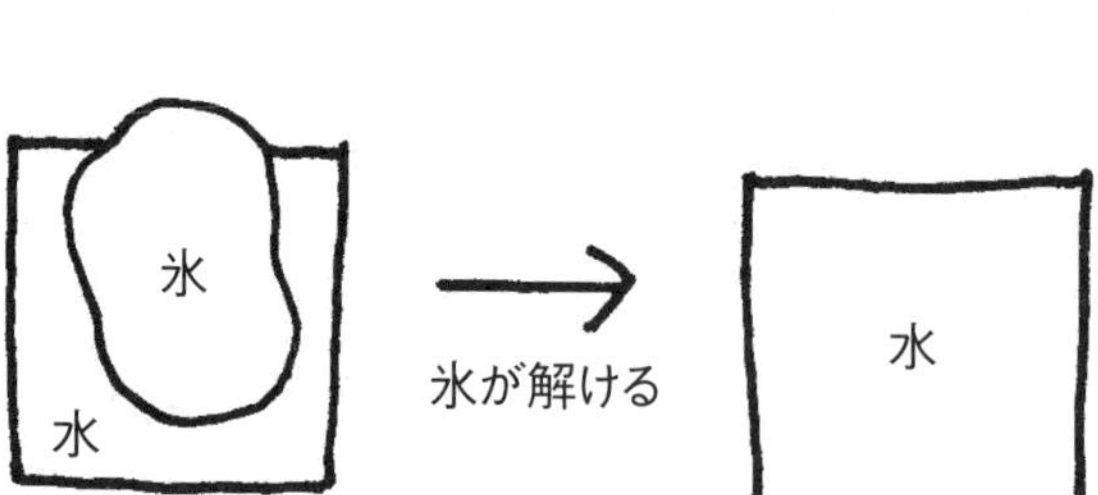

水面の高さは同じ

って水面は変わらず、水はコップの外にこぼれることはありません。

それでは、温暖化が起こると海水面が上昇するのはどうしてでしょう。それは、南極大陸などの上に乗っていた氷雪が解け、その水が海に流れ込んで海水の体積が増えること、また、氷雪が解けることによりその氷雪分の重さが解放され、大陸が隆起することなどが考えられています。それに、海水そのものの温度による熱膨張も原因です。水は4℃の時に一番体積が小さく、それより温度が上がっても下がっても膨張します。0℃で氷になりますが、氷が水より軽いのもこのためです。

1961年から2003年にかけて、地球の海水面は年間平均1・8㎜ずつ上昇したことが知られていますが、「国連の気候変動に関する政府間パネル(IPCC)」によれば、このうち、1・1㎜分は海水の熱膨張と南極など大陸にあった氷の融解によるものとされています。残りの0・7㎜分についてはよくわかっていませんが、東京大学のチームは地下水の汲み上げが原因だとする研究結果を発表しています。地下水は結局海に流され、その水はまた蒸発して雨になり地下の帯水層に貯まるはずですが、人間は地下の帯水層に水が貯まる以上のスピードで水を使って海に流していることになります。このように、海水面の上昇は、温暖化ばかりでなく、他の要因も大きく関係しているのです。

なお、氷が水に浮くのは大変ふしぎなことで、水という物質の特殊性なのです。普通、物質は温度が上がると、固体、液体、気体と状態を変えますが、一般には固体は液体よりも密度（単位体積当たりの重さ）が大きいのです。ですから、一般の物質では固体はその液体の中に沈むことになります。また、液体でも固体でも温度が上がると体積が増え（熱膨張）、密度は小さくなります。ところが、先に述べたように水は４℃の時に一番体積が小さく密度が大きいのです。

また、水はいろいろな物質を溶かすこともよく知られています。これらの性質は、水の構造に関係しているのですが、そのことだけでも一冊の本が書かれているほどです。水は身近にあり、さまざまな用途に使われている大変シンプルな物質ですが、実は大変奥が深い物質と言えます。

8 地球を大切にしよう！

私は小学生の頃、阪神間の尼崎市と西宮市の間を流れる武庫川という川で、よく泳いだりハゼを釣ったりして遊んでいました。透き通ったきれいな水で、海と違って川は淡水なので、泳いだ後はそのまま体を拭くだけですっきりとしました。釣ったハゼも生姜と一緒に煮付けにしてもらったりして食べました。

地球のきれいな
水と空気を守ろう！
おできの
治療中

武庫川のハゼ

武庫川は、六甲山の北側から東側に回り込み白い花崗岩の砂を運んでくるので、広い河原の砂も明るく、堤防に植えられた松の姿と一緒になってまさに風光明媚でした。

しかし、そのうちに川が汚れ、頭にこぶやおできのあるハゼが出てくるようになりました。そして、川で泳ぐ人もいなくなりました。これは工場の排水や生活排水などをそのまま川に流していたためです。現在は排水規制があり、浄化してから水を排水するので、水も大分きれいになってきましたが、川で泳ぐ人を見ることはありません。

海や川は一昔前、全国的に大変汚れていました。その後さまざまな努力によりだんだんときれいになり、関東の多摩川でもアユが泳ぐまでに回復しました。東京湾でも多くの生物の姿が見られるようになりました。

昔は、地球の存在は人間に比べて大変大きく、人間の活動など地球の自然にとっては取るに足らないものだったのです。人間が森で木を切っても、森は新しい木を育てる再生能力があり、人間の切る木の量など問題になりませんでした。森の再生能力の方が人間の伐採のスピードを上回っていたのです。ところが、現在では人間がどんどん伐採して森林面積が減少しています。森の再生能力以上に人間が伐採能力を持ってしまったのです。

海も大きな浄化槽のようなもので、昔は人間がいくら無茶なことをしても、それをすべて浄化してきれいにしてくれると信じられていました。例えば、汚水をそのまま川を通して海に流し込んでも、やがて海がきれいにしてくれるだろうと思っていたのです。

産業革命以後に人間が化石燃料を燃やすことにより放出した二酸化炭素についても同じです。地球の二酸化炭素はその大部分が海の中に固定されていますから、化石燃料である石炭・石油を燃やす産業活動で排出した二酸化炭素も、当初は海水が吸収してくれるだろうと思われていたのです。

人間は産業活動により、炭素に換算すると年間70～90億トンほどの二酸化炭素量を大気に放出しています。この放出された二酸化炭素量の約半分は地球に戻されていますが、半分は大気にたまっています。そのため、大気中の二酸化炭素量が増加しているのです。地球に戻されているのは、海水に取り込まれることと、陸上の植物の光合成や土壌の吸収などによるのですが、それぞれが半分ずつぐらいです。

二酸化炭素が海水に吸収されるのは海の表層でのことです。海水は循環して表層水は深層へと運ばれていきます。この表層水が深層へと運ばれる海水の循環に時間がかかるため、二酸化炭素は思ったほど海には吸収されないのです。

数千年あれば、大気中の二酸化炭素の量は、海水循環を伴った海水への吸収で元の平衡状態（釣り合いのとれた状態）に戻ると考えられていますが、それは二酸化炭素のさらなる排出がない場合です。二酸化炭素の排出があまりにも急で大量なので、地球は悲鳴を上げているとも言えます。増加の程度があまりにも急なのが問題なのです。

地球は生物が現れたことにより、数千万年あるいは数億年もかかって地球内部に二酸化炭素を固定したのですが、人間はわずか２００年ほどでその固定した二酸化炭素（全部ではありませんが）を大気中に戻そうとしているのです。ですから、二酸化炭素の処理は、植物の増加だけでは追いつけないのです。将来的には排出する二酸化炭素も何らかの処理をしてから排出する方法を考える必要があります。

実は、人間の産業活動が始まる前にも、氷河時代や間氷期など、未だにはっきりと原因がわかっていない温暖変化がありました。ですから、現在の二酸化炭素の増加による温暖化など気にする必要はないという暴論もあります。そのたびに地球はまたバランスのとれた状態に戻ってきたのです。実際、現在大気中の二酸化炭素の増加により光合成をする陸上の植物は増加しています（森林面積は減少していますが）。二酸化炭素の増加に伴い光合成する植物が増加するのは、植物にとって栄養が豊富になったからです。しかし、大気中の二酸化炭素の増加を抑えるほどにはその増加が追いついていません。

問題なのは人間の膨大な産業活動による急激な変化なのです。いくら再生能力のある地球とはいえ、このような急激な変化に対応できないかもしれません。そして平衡状態から外れ、まったく違う状態に一気に進んでしまうこともあり得るのです。

また、最近のバイオ技術も、生物が長い時間をかけて行ってきた突然変異と進化を一気に推し進めようとするものです。遺伝子組み換えなどにより、今までに存在しなかったような生物をつくることも可能になったのです。ゆっくりと時間をかけて自然が行ってきた変化を、人間は急激に推し進めようとしているのです。

生物にとって有害な紫外線から地球を守っているオゾン層は１９７０年から使われだしたフロンガスが成層圏まで上がることにより破壊が進みました。オゾン量は１９８０年代に減少し、１９９０年代以降は少ないままですが、今のところその減少は止まっています。フロンガスは冷蔵庫やスプレーに使われていましたが、その規制が効果を発揮したものと思われます。

プラスチックなども腐らず壊れにくい便利な物質として発明されました。しかし、これは自然界でも分解されにくいのです。そのため、いつまでも海岸や河原に残っています。海に捨てられた発砲スチロールはずっと海に漂い、ナイロンロープなどに魚や動物が引っかかり死ぬということも起こります。また、1㎜以下のマイクロプラスチックが世界の海に漂流していることも大きな問題になっています。石炭・石油といった化石燃料から便利な物をつくったわけですが、それらをそのまま自然に放置するのではなく、人間が責任を持って、自然に対して害のないような状態にして戻す必要があります。塩素を含むプラスチックの処理についても昔は燃焼温度が低かったのでダイオキシンなどが発生しましたが、最近では高温で燃焼する施設が充実したことと規制によりダイオキシンの発生がかなり改善されています。

このように、人類の活動は、地球の浄化作用を上回るほどに急速に発展し、自然に大きな影響を与えるまでになってきているのです。私たちは、大事な地球を守るべく、利用したものは自然な姿で地球に戻すことを考えるとともに、注意深く自分たちの産業活動の自然への影響を監視する必要があるのです。

コーヒータイム 5 Volcano Cafe

地球科学調査は危険

地磁気や温泉水、火山ガスなどの地球科学調査で、世界中のさまざまな地域に赴きました。ギリシャやトルコのような観光地もありましたが、マダガスカル、キリバス共和国、イースター島などあまり観光では行かないような国にも行きました。

ギリシャでは、イカのリング揚げのことを「カラマーリ」と呼ぶのですが（もともとはイタリア語のようです）、日中の仕事がうまくいかなかった時などは、レストランで「カラマーリ！（仕事が空回り！）」と叫んで、ビールなどを飲んだものです。また、「ウゾ」と呼ばれる透明で40～50度もある強い酒があり、同じものはトルコでは「ラク」と呼ばれています。水を入れると白く濁るので、トルコでは「ライオンの乳」とも呼ばれています。現地の人から1杯目は「美味しい」、2杯目は「大変美味しい」、だが3杯目は「大変危険」と言われていました。

トルコの海に面した田舎町だったと思うのですが、調査を終えた後に皆で一緒に夕食に出かけました。ところが大いに飲んで酔っぱらい、食後にホテルに戻る途中ではぐれてしまい迷子になった隊員がいました。皆で探していると、パトカーから拡声器の大音量で「松田隊長！　松田隊長！」

と、その隊員の声で名前を呼ばれたのには驚きました（その時は私が調査隊の隊長でした）。うまい具合にパトカーに出くわし、拡声器を借りたようです。

キリバス共和国は南太平洋の赤道付近にある国で、多くが環礁の島からなる国です。環礁は本当にぐるりと輪ゴムのようになっていて、道が一本ほどしかない狭い所やところどころ環礁が切れているところがあります。環礁の中はサンゴのかけらなどで浅くなっているのですが、環礁の外はかなり深い海になっています。私たちはその環礁の中でモーターボートを走らせて地磁気の調査をしていたのですが、もし、ガソリンが切れて、環礁の外に押し流されたら、漂流者になってしまう恐れがあるので大変注意を払ったものです。実際そのような外海でフェリーが事故を起こし、大事件になったこともあります。

風土病なども怖いので、調査に行く時にはその国の状況を調べて必要な予防注射もしました。大変な田舎で衛生状態の悪いところにも行くので、A型肝炎なども心配されます。ギリシャ・トルコの調査の前には、ほぼ全員がA型肝炎の予防注射をしたのですが、一人だけ忙しくて予防注射を受けられなかった隊員がいました。そして、その隊員だけがA型肝炎に罹《かか》り、帰国後即入院ということがありました。調査中は果物などもそのまま生でかじるのではなく、皮をむいたものを食べるようにしているのですが、野外で食べたスイカが悪かったのだろうと思います。そのスイカを切った包丁がすでに汚染されていたのでしょう。それにしても、皆同じ食事をしているわけですから、予防注射を打っていた者は皆無事だったことから、予防注射の効果に感心しました。

火山や温泉ガスの採取なども危険があります。ある時、私は90℃もある泥の中に足を突っ込んだことがあります。幸い登山靴を履いていて、分厚い靴下をつけていたので助かりました。足は真っ赤になっていましたが、登山靴でなかったら大やけどでした。その時は登山靴と厚い靴下を履いていて本当に良かったと思いました。

一方、登山靴を忘れて命拾いした研究者もいます。アメリカの火山調査で火口壁まで車で行き、さあ火口まで歩いて降りようという段になって、登山靴を忘れたことに気づきました。研究者としては大変な失態ですが、積っている火山灰の上を普通の靴では歩けません。他の仲間から彼だけ車に残っているよう言われました。研究者達が火口に降りて行った時、突然噴火が起こり、火口に降りて行った仲間は亡くなり、登山靴を忘れた人だけが助かりました。どういうことで命拾いするかわからないのです。

雲仙普賢岳の噴火の時も、私の友人の東京大学教授が調査に赴いていましたが、「疲れたからちょっと休むか」ということで、喫茶店にはいり、コーヒーを飲んでいました。すると急にあたりが暗くなったので、何事かと思うと大噴火が起こったそうです。その時は報道関係者や消防隊員の数人が亡くなりました。もし、そのまま調査を続けていたら、きっと火砕流に巻き込まれていただろうと話していました。

温泉地域における温泉ガスや火山ガスの採取なども結構危険です。北海道のある火山で、旧火口に入って火山ガスを採取したことがあるのですが、登山靴の底が熱く、同じところにじっとしていられません。まるで「焼けたトタン屋根の上の猫」のようで、しょっちゅう場所を移動しないといけません。目も少し沁《し》みてきます。火山ガスが水蒸気や涙に溶けて弱い酸になるからです。うっかりと岩の上にも腰かけられません。薄い酸が石の上に着いているので、ズボンにぽっかりとお尻の形の穴があきます。

また、トルコの調査では、池で泳いでいた兵士の何人が死んだという地域にも行きました。その池では二酸化炭素が池の底から出てきていて、二酸化炭素は空気よりも重いので、池の水面上にたまっていたのです。空気は吸っているのですが、酸素がないので酸欠状態で亡くなったようです。泳いでいて顔を池の上に出して呼吸していても酸素を摂れていないのです。このように二酸化炭素は滞留していると危険ですから、閉じられた場所での温泉ガスの採取などには極力注意しました。

地質調査で山に入り、熊と遭遇した人もいます。地質学会のホームページには、熊と遭遇した時の注意まで出ているほどです。「ツキノワグマはヒグマに比べて、〝安全〟などと言われるが、格闘すれば重傷は免れず、場合によっては死亡するため決して甘く見てはならない」と書いてあるので驚きです。「襲われた時の対処方は書籍やインターネット上で見ることも出来るが、抵抗（格闘）した方がいいという一方で、抵抗すると熊を逆上させるという意見もあるなど……」ともありますが、熊と闘って熊の方が逆上しなくても、果たして勝てるだろうかと思ってしまいます。

この記事を書かれた人も、川で20mほど前方でツキノワグマと遭遇、向こうは立った姿でじっと見ていたというのですが、さぞかし驚いたことでしょう。大慌てで逃げて助かったようです。反省としては、もし熊が追いかけてきたら、熊の方が早かっただろうから果たして逃げたのが良かったのかどうか、単に運が良かっただけではということでした。それにしても熊の方もびっくりしたに違いありません。

おわりに

『隕石でわかる宇宙惑星科学』という本を執筆して大阪大学出版会から刊行したのは、一昨年2015年12月のことです。世の中には思いの外、隕石の本がありませんでした。それで、一般の人にも隕石関係の最新の研究成果を知ってもらおうと思い、刊行に至りました。

私は大阪大学に在職していた時、同位体科学の手法を用いて隕石の研究を行っていたのですが、実は隕石だけではなく地球のことも研究していました。先の本では、実際に私たちの行った隕石研究のことなどを紹介したのですが、本が完成した後どうも消化不良的な思いがありました。それは、私は隕石だけではなく地球のことも研究していたのに、地球科学関係の研究結果をその本に含めることができなかったからです。それらの研究成果も知ってもらいたいなあという気持ちが強く残ったのです。

また、最近は、地震や火山の噴火が日本列島で頻発しています。このようなことに対して、ある程度の地球科学の知識を持っていることは、大きな強みになります。こういった地球科学の知識を織り込みながら、楽しく学べる地球科学の本をつくりたいと思っていました。

そうした時、その心が通じたのか『隕石でわかる宇宙惑星科学』でお世話になった大阪大学出版会の編集部の栗原佐智子さんから、「今度は面白い地球科学の本をつくりたくなりました」というメールをもらいました。それで、私は、「実は、私も地球科学関係の研究成果や知識について紹介するような本をつくりたいと思っていたのです」と返事をし、この本が誕生する次第となりました。

この本では、地球科学の研究成果を紹介すると同時に、私が実際お会いし接した研究者の生の姿も知ってもらいたいと思いました。そういった研究者の研究に対する姿勢や様子などは若い学生さんだけではなく一般の方々にもきっと興味があるはずです。どのように研究のアイデアを持ち、研究を進めていったのかということは、自然科学研究では大事なことです。できるだけそういったことも含めて本書を書きました。

また、私は研究室で実験、測定するということ以外に、地球のさまざまな場所に試料採集や観測・調査に赴きました。野外調査ではいろいろなことに遭遇します。通常の観光では出くわさないような問題にも遭遇しますが、自分たちで解決策を探していかなくてはなりません。危険だったこともありますが楽しい思い出もあります。そういった野外調査の話も本書で紹介した次第です。

この本の刊行の機会を与えてくださった大阪大学出版会の事務局長でもあり編集長の岩谷美也子さんと編集部の栗原佐智子さん、企画推進部の土橋由明さんに感謝します。栗原佐智子さんからはさまざまなコメントをいただき、この本をより楽しくわかりやすく仕上げることができました。編集全般に関してお世話になり、ここに心より感謝します。

平成29年2月

松田准一

松田 准一（まつだ・じゅんいち）

1948年兵庫県生まれ。東京大学（物理学科）、東京大学大学院（地球物理学専攻）を修了。理学博士。専攻は宇宙地球科学。神戸大学助手、助教授、大阪大学助教授、教授を経て、2012年に退職。現在、大阪大学名誉教授、国際隕石学会フェロー。日本地球化学会元会長。2013年東京藝術大学美術学部芸術学科に入学するが、2016年に中途退学。研究においては、日本地球化学会賞、三宅賞、Geochemical Journal論文賞、教育においては、大阪大学教育・研究功績賞、大阪大学共通教育賞などを受賞。

著書に「隕石でわかる宇宙惑星科学」（大阪大学出版会）などがある。

ツイッター（@jkm0603）で日々の生活の様子も発信。

阪大リーブル59

地震・火山や生物でわかる地球の科学

発行日　2017年2月22日　初版第1刷　〔検印廃止〕

著　者　松田准一

発行所　大阪大学出版会
代表者　三成賢次
〒565-0871
大阪府吹田市山田丘2-7　大阪大学ウエストフロント
電話：06-6877-1614（直通）　FAX：06-6877-1617
URL　http://www.osaka-up.or.jp

カバーデザイン　越智裕子

著者近影（帯）　studio T-BONE＆カマノD

印刷・製本　株式会社 遊文舎

ISBN 978-4-87259-441-6　C1344

HANDAI Live

阪大リーブル

- 001 ピアノはいつピアノになったか？（付録CD「歴史的ピアノの音」） 伊東信宏 編 定価 本体1700円+税
- 002 日本文学　二重の顔〈成る〉ことの詩学へ 荒木浩 著 定価 本体2000円+税
- 003 超高齢社会は高齢者が支える 年齢差別《エイジズム》を超えて創造的老い《プロダクティブエイジング》へ 藤田綾子 著 定価 本体1600円+税
- 004 ドイツ文化史への招待 芸術と社会のあいだ 三谷研爾 編 定価 本体2000円+税
- 005 猫に紅茶を 生活に刻まれたオーストラリアの歴史 藤川隆男 著 定価 本体1700円+税
- 006 失われた風景を求めて 災害と復興、そして景観 鳴海邦碩・小浦久子 著 定価 本体1800円+税
- 007 医学がヒーローであった頃 ポリオとの闘いにみるアメリカと日本 小野啓郎 著 定価 本体1700円+税
- 008 歴史学のフロンティア 地域から問い直す国民国家史観 秋田茂・桃木至朗 編 定価 本体2000円+税
- 009 懐徳堂 墨の道 印の宇宙 懐徳堂の美と学問 湯浅邦弘 著 定価 本体1700円+税
- 010 ロシア　祈りの大地 津久井定雄・有宗昌子 編 定価 本体2100円+税
- 011 懐徳堂 江戸時代の親孝行 湯浅邦弘 編著 定価 本体1800円+税
- 012 能苑逍遥(上) 世阿弥を歩く 天野文雄 著 定価 本体2100円+税
- 013 わかる歴史・面白い歴史・役に立つ歴史 歴史学と歴史教育の再生をめざして 桃木至朗 著 定価 本体2000円+税
- 014 芸術と福祉 アーティストとしての人間 藤田治彦 編 定価 本体2200円+税
- 015 主婦になったパリのブルジョワ女性たち 一〇〇年前の新聞・雑誌から読み解く 松田祐子 著 定価 本体2100円+税
- 016 医療技術と器具の社会史 聴診器と顕微鏡をめぐる文化 山中浩司 著 定価 本体2200円+税
- 017 能苑逍遥(中) 能という演劇を歩く 天野文雄 著 定価 本体2100円+税
- 018 太陽光が育くむ地球のエネルギー 光合成から光発電へ 濱川圭弘・太和田善久 編著 定価 本体1600円+税
- 019 能苑逍遥(下) 能の歴史を歩く 天野文雄 著 定価 本体2100円+税
- 020 懐徳堂 市民大学の誕生 大坂学問所懐徳堂の再興 竹田健二 著 定価 本体2000円+税
- 021 古代語の謎を解く 蜂矢真郷 著 定価 本体2300円+税
- 022 地球人として誇れる日本をめざして 日米関係からの洞察と提言 松田武 著 定価 本体1800円+税
- 023 フランス表象文化史 美のモニュメント 和田章男 著 定価 本体2000円+税
- 024 懐徳堂 漢学と洋学 伝統と新知識のはざまで 岸田知子 著 定価 本体1700円+税
- 025 ベルリン・歴史の旅 都市空間に刻まれた変容の歴史 平田達治 著 定価 本体2200円+税
- 026 下痢、ストレスは腸にくる 石蔵文信 著 定価 本体1300円+税
- 027 セルフメディケーションのための くすりの話 那須正夫 著 定価 本体1100円+税
- 028 格差をこえる学校づくり 関西の挑戦 志水宏吉 編 定価 本体2000円+税
- 029 リン資源枯渇危機とはなにか リンはいのちの元素 大竹久夫 編著 定価 本体1700円+税
- 030 実況《ライブ》・料理生物学 小倉明彦 著 定価 本体1700円+税

031
夫源病
こんなアタシに誰がした
石蔵文信 著
定価 本体1300円+税

032
ああ、誰がシャガールを理解したでしょうか?
二つの世界間を生き延びたイディッシュ文化の末裔
圀府寺司 編著
CD付
定価 本体2000円+税

033
懐徳堂ゆかりの絵画
奥平俊六 編著
定価 本体2000円+税

034
試練と成熟
自己変容の哲学
中岡成文 著
定価 本体1900円+税

035
ひとり親家庭を支援するために
その現実から支援策を学ぶ
神原文子 編著
定価 本体1900円+税

036
知財インテリジェンス
知識経済社会を生き抜く基本教養
玉井誠一郎 著
定価 本体2000円+税

037
幕末鼓笛隊
土着化する西洋音楽
奥中康人 著
定価 本体1900円+税

038
ヨーゼフ・ラスカと宝塚交響楽団
(付録CD「ヨーゼフ・ラスカの音楽」)
根岸一美 著
定価 本体2000円+税

039
上田秋成
絆としての文芸
飯倉洋一 著
定価 本体2000円+税

040
フランス児童文学のファンタジー
石澤小枝子・高岡厚子・竹田順子 著
定価 本体2200円+税

041
東アジア新世紀
リゾーム型システムの生成
河森正人 著
定価 本体1900円+税

042
芸術と脳
絵画と文学、時間と空間の脳科学
近藤寿人 編
定価 本体2200円+税

043
グローバル社会のコミュニティ防災
多文化共生のさきに
吉富志津代 著
定価 本体1700円+税

044
グローバルヒストリーと帝国
秋田茂・桃木至朗 編
定価 本体2100円+税

045
屛風をひらくとき
どこからでも読める日本絵画史入門
奥平俊六 著
定価 本体2100円+税

046
アメリカ文化のサプリメント
多面国家のイメージと現実
森岡裕一 著
定価 本体2100円+税

047
ヘラクレスは繰り返し現われる
夢と不安のギリシア神話
内田次信 著
定価 本体1800円+税

048
アーカイブ・ボランティア
国内の被災地で、そして海外の難民資料を
大西愛 編
定価 本体1700円+税

049
サッカーボールひとつで社会を変える
スポーツを通じた社会開発の現場から
岡田千あき 著
定価 本体2000円+税

050
女たちの満洲
多民族空間を生きて
生田美智子 編
定価 本体2100円+税

051
隕石でわかる宇宙惑星科学
松田准一 著
定価 本体1600円+税

052
むかしの家に学ぶ
登録文化財からの発信
畑田耕一 編著
定価 本体1600円+税

053
奇想天外だから史実
天神伝承を読み解く
髙島幸次 著
定価 本体1800円+税

054
とまどう男たち—生き方編
伊藤公雄・山中浩司 編著
定価 本体1600円+税

055
とまどう男たち—死に方編
大村英昭・山中浩司 編著
定価 本体1500円+税

056
グローバルヒストリーと戦争
秋田茂・桃木至朗 編著
定価 本体2300円+税

057
世阿弥を学び、世阿弥に学ぶ
大槻文藏監修 天野文雄 編集
定価 本体2300円+税

058
古代語の謎を解く II
蜂矢真郷 著
定価 本体2100円+税

(四六判並製カバー装。定価は本体価格+税。以下続刊)